パワーポイント

スライド
デザインの
セオリー

［ 改 訂 新 版 ］

藤田尚俊 NAOTOSHI FUJITA

技術評論社

CONTENTS

CHAPTER
3 スライドデザインのセオリー

レイアウトのセオリー

MEMO

ご注意

ご購入・ご利用の前に必ずお読みください

●本書に記載された内容は、情報提供のみを目的としています。したがって、本書を用いた運用は、必ずお客様自身の責任と判断によって行ってください。これらの情報の運用の結果について、技術評論社および著者はいかなる責任も負いません。

●ソフトウェアに関する記述は、特に断りのないかぎり、2023年11月現在での最新情報をもとにしています。これらの情報は更新される場合があり、本書の説明とは機能内容や画面図などが異なってしまうことがあり得ます。あらかじめご了承ください。

●本書の内容については、以下の環境で制作・動作確認を行っています。そのほかのエディションについては一部本書の解説と異なるところがあります。あらかじめご了承ください。
　Windows 11
　Microsoft 365

●インターネットの情報については、URLや画面などが変更されている可能性があります。ご注意ください。

以上の注意事項をご承諾いただいた上で、本書をご利用願います。これらの注意事項をお読みいただかずに、お問い合わせいただいても、技術評論社および著者は対処しかねます。あらかじめご承知おきください。

■本書に掲載した会社名、プログラム名、システム名などは、米国およびその他の国における登録商標または商標です。本書中では™、®マークは明記していません。

CHAPTER 1

見やすいスライドとは

まず、「見やすい」スライドとはどんなスライドを指すのか、ポイントを整理してみましょう。

「見やすい」とは
「わかりやすい」ということ

パワーポイントの検索関連語をみると、「見やすい」について調べている人が多いことがわかります。この「見やすい」とは何なのでしょうか。

情報を「正しく、早く伝える」

　人によって、パワーポイントの用途は様々です。会議の資料、講演のためのスライド、クライアントへの企画提案など、実に多様なケースで使われています。しかし、どのようなケースであっても「何かを誰かに伝え、理解してもらう」という根本的な目的は共通しているはずです。

　どれだけ魅力的で素晴らしいスライドを作ったとしても、相手に伝えたいことが理解してもらえなければ、全く意味がありません。また、仮に伝わったとしても「相手が考えて考えて、ようやく伝わる」ようでは、理想的なスライドとはいえません。

　つまり、自分の伝えたいことが、聞いている人、見ている人全員に「正確に」「早く」伝わるわかりやすいスライドであることこそが、パワーポイントのスライド作成では大切になってきます。「見やすい」スライドを作るということは、相手に「わかりやすい」スライドを作ることと同じ意味なのです。

　ところが、スライドを見る人・プレゼンテーションを聞く人は千差万別であり、自分ではわかりやすいと思っていても、他人からすればそうではないということはよくあります。誰が見ても理解しやすいスライドを作成するには、主観ではなく、広く一般的にいわれているデザイン・レイアウトのルールを念頭におき、スライド作成時に実践することが求められます。

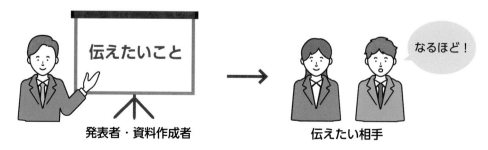

Fig.1-01 ▶ 伝えたい内容が、正確に早く相手に伝わることが重要

デザインで「わかりやすい」スライドを作る

デザインについて、かの有名なスティーブ・ジョブスが残した名言があります。

Design is not just what it looks like and feels like.

Design is how it works.

「デザインとは、単にどのように見えるか、あるいは感じるかだけではない。デザインとは、どのように機能するかだ」と彼は語っています。世界を変えた人間の言葉は、重みが違いますね。

彼の言葉からもわかる通り、デザインという言葉には「見た目」と「機能性」の2つの意味が内包されています。この概念は、パワーポイントにおいても同じように適用できます。

- スライドを「わかりやすく」するためのデザイン
- スライドを「魅力的に」するためのデザイン

「わかりやすく」という部分がパワーポイントデザインにおける機能性を、「魅力的に」という部分が見た目のことを意味します。

「デザインなんて、自分にはできない」と思う人もいるかもしれません。確かに、「魅力的な」デザインをするには、豊富な知識やセンスが必要になってきます。しかし、「わかりやすく」するためのデザインは、ちょっとしたコツをおさえるだけで、誰にでも実践できるようになります。

たとえば、Fig.1-02のスライドは写真をブラシで描いたように切り抜くデザインが施されています。ところが、単に写真を見せたいだけであれば、右側のスライドのように余計な装飾を施さず、そのまま掲載すればよいはずです。「わかりやすい」スライドを目指す上で重視するのは、オブジェクトをどのように配置するかを考える「レイアウト」です。レイアウトは、単に位置や大きさを調整するだけの作業ですので、センスとは無縁であり、誰もができるようになる分野です。

Fig.1-02 ＞ 魅力まで追求したスライド

Fig.1-03 ＞ わかりやすさだけを目指したスライド

「わかりやすい」スライドに するための3つのポイント

TOPIC

最初に、「わかりやすい」スライドにするためのポイントを大まかにおさえて おきましょう。留意すべき点は、たった3つしかありません。

フォントや色でスライドを「読みやすく」する

まずは簡単な例から見てみましょう。

Fig.1-04は白い背景に文字をのせた単純な例ですが、これだけでも「読みやすい」スライドをつくるための重要な点が見えてきます。

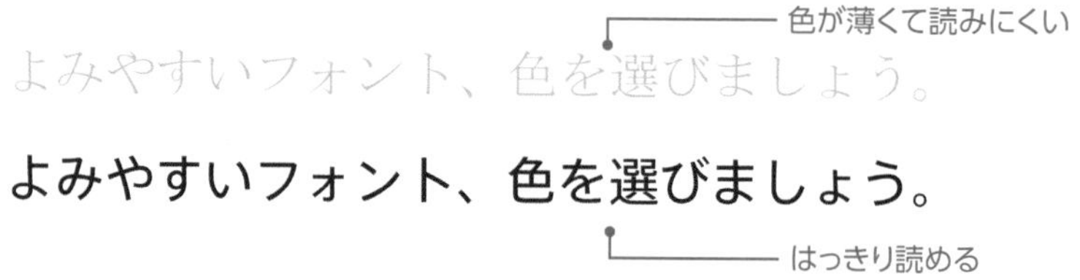

―――― 色が薄くて読みにくい

よみやすいフォント、色を選びましょう。

よみやすいフォント、色を選びましょう。

―――― はっきり読める

Fig.1-04 ▷ 文字の読みやすさの比較

文字は人に読んでもらうことを前提としていますので、それ自体が読みにくいということがあってはなりません。特にプロジェクターで投影する場合は、ディスプレイや紙面よりも読みにくくなる傾向にあります。スライドとして「適切な」フォント・色を選ぶことによって、読みやすさを段違いに向上させられます。

MEMO

MacのKeynoteのほうが美しいプレゼンテーションを作成できる!?

同じプレゼンテーションツールなのに、パワーポイントよりもKeynoteのほうが美しいスライドを作成できるのはなぜでしょうか。誤解を恐れずにいうと、これは、Macに標準で付属している「ヒラギノ角ゴシック」というフォントの力です。Windowsに標準でバンドルされているどのフォントよりも魅力的で読みやすいため、労せずとも美しいスライドを作れるのです。

1枚のスライドで「いいたいことは1つ」にする

　人は、複数のことを同時に理解できません。したがって、1枚の中にどれだけ情報を詰め込んだとしても、結局1つずつ順番に理解していくしかないのです。

　たとえば、Fig.1-05のようなスライド、よく見かけますね。一見まとまっているようにも見えますが、これを理解するためには、かなり気合をいれて順番に読んでいく必要があります。このような、読み手に負担のかかるスライドは、決してわかりやすいとはいえません。もっと工夫できる余地があるのです。

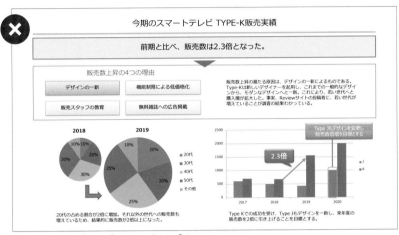

Fig.1-05 ＞ 要素が多すぎるスライドサンプル

　Fig.1-06のように、1枚のスライドには情報を詰め込まず、ポイントを絞ったほうが、見る側としてはとても理解しやすくなります。情報が詰まっているほうが、なんとなくできている感じ、達成した感じがしますが、多すぎる情報は、わかりやすさには決してつながりません。

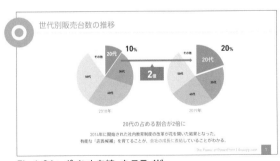

Fig.1-06 ＞ ポイントを絞ったスライド

　スライドの構成を考えるとき、そして実際にスライドを作るときに「このスライドで伝えたいことは何か」を毎回自分に問いかけるようにしてください。この答えが、「AとB」のように複数になってしまう場合は、AとBでスライドを分割することを検討すべきです。

　印刷のことを考えて、スライドの枚数が増えることを嫌がる人もいるかもしれませんが、1枚に複数のスライドを配置して印刷することもできますので、できる限り「わかりやすさ」を重視しましょう。

「意味のあるレイアウト・デザイン」にする

　意味のあるレイアウト・デザインとは、相手の理解を助けるレイアウト・デザインとほぼ同義です。

　たとえば、Fig.1-07は、アルファベットをただランダムに並べただけです。この図から、作者が何を伝えようとしているのかを読み取ることはできません。

Fig.1-07 ▷ アルファベットをランダムに並べただけの例。この図から得られる情報はほとんどない

A B C D E F

Fig.1-08 ▷ アルファベットを整列し、Bだけ大きくした例。説明がなくとも得られる情報がある

　次に、アルファベットを整頓し色を変え、Bだけ大きくしたのがFig.1-08です。

　説明文は一切ありませんが、Fig.1-08のレイアウトは、「6つのアルファベットが何かしらの関連性をもっていること」「6つのアルファベットのうち、Bが重要であること」などを伝えています。

　このように、たとえ文字などによる説明を加えなくとも、レイアウト・デザインによって伝わる情報というものがあります。というよりもむしろ、視覚によって伝わる情報量は思っている以上に膨大です。

　いい換えると、うまくレイアウト・デザインすることで、わかりやすさを向上させられます。逆に、「なんとなく」や「意味のない」レイアウト・デザインを行ってしまうと、わかりにくさを助長したり、誤解を与えたりすることさえあります。

プレゼンテーションの「わかりやすさ」とは

プレゼンテーションにおけるわかりやすさは、主に次の要素によって決まります。

・スライド単体の見た目やまとめ方
・プレゼンテーション全体の構成や流れ
・プレゼンターの説明の仕方や話し方

どれか1つを重視するのではなく、3つそれぞれの質を高めることにより、プレゼンテーション全体がわかりやすく、かつ印象に残るものになっていきます。

プレゼンテーションの資料を準備するときは、いきなりパワーポイントでスライドを作り始めてはいけません。メモ帳でも手書きでもよいので、始まりから終わりまでの構成・流れを先に書き出しましょう。頭の中でもできなくはありませんが、文字にして整理する方が、不足・説明の冗長性・つながりの悪さ・論理的矛盾などに気づきやすくなります。実際にスライドを作り始めてから問題が見つかると、無駄な作業が発生したり、修正に大きなコストがかかったりしてしまいます。
なお、構成を書き出すときは、それぞれの項目が各スライドのタイトルになることを想定してください。

プレゼンテーションの構成を考える上で、わかりやすさを重視するなら、結論を先に述べることをおすすめします。たとえば、「これは赤く、丸い形状をしており、ほのかに甘い香りが漂っています。したがって、これはリンゴです」よりも「これはリンゴです。なぜならば赤く、丸い形状をしており……」と説明したほうがわかりやすいことは明らかです。
論理的な説明の手法として、SDSとPREPというものがあります。いずれも、大切なポイントは最初に簡潔に述べ、後から詳細や理由を説明していく手法です。また、最後にもう一度重要な点をまとめ、いい直すこともわかりやすいプレゼンテーションには欠かせません。

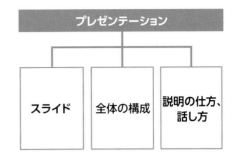

[背景] 風邪をひいたときに風邪薬を服用する割合

[結論] 風邪をひいたときに、風邪薬を服用すべきではない

[理由・根拠 1] 風邪の原因はウイルス

[理由・根拠 2] ウイルスに効く薬は抗ウイルス薬のみ

[理由・根拠 3] 解熱は免疫力を低下させる

[まとめ] 風邪をひいたときに、風邪薬を服用すべきではない

SDS

[**S**ummary(要約)] 要点を関係に述べる

[**D**etail(詳細)] それぞれの詳細を順に述べる

[**S**ummary(要約)] 最後に再びまとめる

PREP

[**P**oint(要点)] 重要なことを先に述べる

[**R**eason(理由)] 重要な点に対する理由を説明する

[**E**xample(例)] 具体的な例を挙げる

[**P**oint(要点)] 再び重要なことを述べる

03 わかりにくいスライドに なってしまう5つの原因

TOPIC 具体的なレイアウト・デザインの話に入る前に、スライドがわかりにくくなってしまう原因についても確認しておきます。

1枚のスライドに、情報を書きすぎている

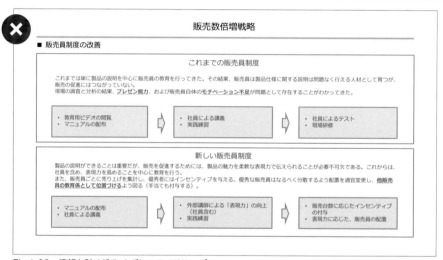

Fig.1-09 ▶ 情報を詰め込みすぎたスライドサンプル

　CHAPTER 1の02でも述べた通り、情報が詰まりすぎているスライドはそれだけで「わかりにくく」なります。具体的には次の点で、上のスライドはわかりにくくなっています。

- 順番にしっかり読んでいかないと内容を理解できない
- 行間が詰まっているため、読みにくい
- どこが重要な点なのかがはっきりしない

　悪い点を指摘するときりがありませんが、最も深刻な問題は「読む気にならない」ところにあります。このようなスライドは、「理解してもらう」どころか、残念ながら読んでももらえません。

見やすいフォントを使っていない

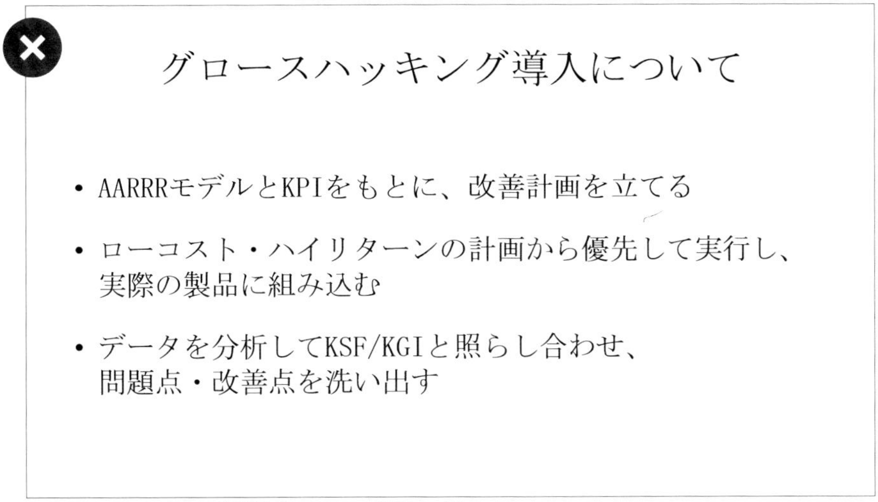

グロースハッキング導入について

- AARRRモデルとKPIをもとに、改善計画を立てる

- ローコスト・ハイリターンの計画から優先して実行し、実際の製品に組み込む

- データを分析してKSF/KGIと照らし合わせ、問題点・改善点を洗い出す

Fig.1-10 ▸ フォントにMS明朝を使ったスライドサンプル

Fig.1-10は、Windowsに標準で付属しているフォント、「MS 明朝」を使ったサンプルです。「読みにくい」とまではいいませんが、決して「読みやすく」はありませんし、美しくもありません。

世の中には、たくさんの見やすく美しいフォントがありますが、パワーポイントの見た目に悩む方がうまくフォントを選べていない理由は次のいずれかでしょう。

- そもそもどのようなフォントがあるのかを知らない
- どのフォントを使えば「見やすく」「美しく」なるのかがわからない
- フォントをいくつか知ってはいるけれど、持っていない

日本語フォントだけでなく、欧文フォントにも同じことがいえます。右のCalibriやTahomaはWindowsに付属していますが、見やすく美しいフォントはほかにたくさんあります。

それ以前に、英数字には本来欧文フォントを使うべきなのですが、残念ながら日本語フォントを使ってしまっているスライドもよくあります。

Calibri
Tahoma

Fig.1-11 ▸ Windows標準のCalibriとTahomaフォント

色を適当に使っている、または色を使いすぎている

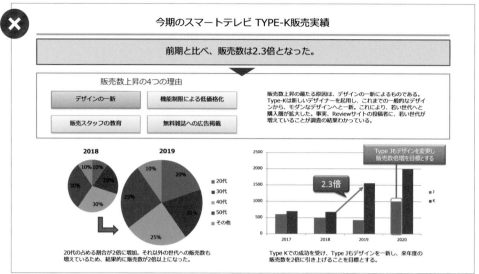

Fig.1-12 > 色の使い方が適切でないスライドサンプル

　上のスライドは、CHAPTER 1の02でもでてきたスライドです。このスライドは情報を詰め込みすぎているだけでなく、色の使い方も適切とはいえません。なぜならば、「どの色がどういう意味を持っているのか」がはっきりしないためです。このため、読み手にとって、色は何の効力も発揮していません。

　それではなぜこのようなスライドができ上がってしまうのでしょうか。原因を分析すると次のようになります。

- 単純に、色の種類が多すぎる
- パワーポイント標準のカラーパレットの中から色を選んでいる
- どこが重要な点なのかがはっきりしない

　さらに、色が2色以上ある場合、お互いの間には「相性関係」が発生します。ファッションのコーディネートと同じで、相性が悪い色を選んでしまうと、「わかりやすさ」以前に、全体の印象がとても悪くなります。色は安易に選んでしまいがちですが、実は注意深く選ぶ必要があるのです。

Fig.1-13 > 色同士には相性問題がある

意味もなく箇条書きを多用する

> ❌ ## 選べる2つのプラン
>
> - ベーシックプラン
>   - 無料
>   - 1アカウントまで
>   - 1GBストレージ
>
> - プレミアムプラン
>   - 500円/月
>   - 5アカウントまで
>   - 5GBストレージ（100円プラスするごとに1GB追加できます）

Fig.1-14 ＞ 箇条書きにする必要のないスライドサンプル

　パワーポイントは、箇条書きが初期設定になっています。このため、パワーポイントで作られるスライドの大半は箇条書きが使われています。箇条書きを使うこと自体は悪いことではありません。短時間で資料を仕上げるのに重宝しますし、だらだらと長い文章を書くよりも、すっきりまとめられます。

　ただ、なんでもかんでも箇条書きにすればよいというものではありません。別の表現を用いることで、同じ内容でもずっとわかりやすく説明できる場合があります。

　上の例の場合、たとえば右のFig.1-15のように、表形式にした方がわかりやすくないでしょうか。個々のプランを表にして説明することで、両者の比較がずっとしやすくなります。

　このように、表・フローチャート・グラフ・アイコンなどを用いることによって、意味もなく箇条書きを多用するスライドを避けられます。もちろん箇条書きよりは作成の時間がかかってしまいますし、難易度も上がりますが、パワーポイントの機能をうまく使えば、簡単かつ効率的に作業できるようになります。

Fig.1-15 ＞ 表を用いたスライドサンプル

レイアウトの基本を知らない

Fig.1-16 ▶ レイアウトの原則が守られていないスライドサンプル

　レイアウトとは、写真や図形、テキストなどのオブジェクトをスライドに配置する作業です。デザインの一部ですが、いくつかの原則を守るだけで、誰でもわかりやすく美しいレイアウトができるようになります。

　上のFig.1-16は、一見すっきりまとまっているように思えますが、実はレイアウトの原則のうちの1つが守られていません。

　少しレイアウトを修正して、右のFig.1-17のようにしてみました。各説明を、それぞれの写真の真下に持ってきただけです。

　たったこれだけのことですが、写真と見出し・説明の関係がはっきりし、「わかりやすさ」が上昇しています。「レイアウトの原則」についてはCHAPTER 3で詳しく説明しますが、この原則を守ると、「意味のあるレイアウト」が自然とできるようになります。

Fig.1-17 ▶ レイアウトの原則に従ったスライドサンプル

わかりやすいスライドを
効率よく作る準備

わかりやすいスライドを効率よく作るために、フォントや色の基本を押さえ、パワーポイントの既定として設定しましょう。

スライド作成のワークフロー

TOPIC 最初に、スライド作成のワークフローを理解しておきましょう。パワーポイントの機能を最大限使いこなし、最も効率よく作業できる手順です。

01

何を書くか決める

どのような内容にするかをあらかじめ決めておきます。手書きでもいいので、アウトラインをざっと洗い出しておきます。

▼

02

資料を開く環境を確認し
スライドサイズを設定する

プレゼンテーションでスライドをモニタなどに映す場合は、可能であればアスペクト比や解像度を確認しておきます。スライドを使う環境に合わせて、スライドサイズを決定します。

▼

03

フォントと配色を決めて
登録しておく

パワーポイントで作業をするときは、最初にフォントと色を決め、登録しておきます。途中で意図せぬフォントに変わることを防ぐとともに、その都度設定する非効率性を改善します。

▼

04

既定の図形と線を
登録しておく

図形や線を「既定」として登録しておくと、図形や線を挿入するたびに設定を変更する必要がなくなります。

▼

05

既定のテキストボックスを
調整して登録しておく

図形や線と同様、よく使う書式のテキストボックスを「既定」として登録できます。色やフォントだけでなく、段落の設定や箇条書きなどあらゆる書式が記憶されます。

▼

06	クイックアクセスツールバーを カスタマイズする

パワーポイントのリボンには、たくさんの機能がありますが、よく使う機能は限られています。これらの機能をクイックアクセスツールバーに登録しておくことで、作業の効率化を図ります。

07	スライドマスターを開き スライドタイトルを装飾する

スライドタイトルは、ほんどのスライドで同じ見た目・レイアウトになります。このようなスライド間で共通のレイアウトは、スライドマスターに対して行います。

08	フッターとスライド番号を 調整する

タイトルと同様、スライドマスターを用いて、フッターやスライド番号の調整を行います。

09	よく使用する レイアウトを作成する

スライドごとに書く内容は異なりますが、同じようなレイアウトはたくさん出てきます。このようなよく使うレイアウトは、事前に作成しておき、使いまわします。

10	コンテンツを入力していく

スライドに09で作成したレイアウトを適用し、コンテンツを入力していきます。大まかな配置は済ませてあるので、内容の入力に集中できます。

11	スライドを使用する環境に 合った形式で保存する

Windowsに初めから入っているフォント以外を使用する場合、実際にスライドを使う環境でも同じフォントで表示させるためには、保存する形式に注意する必要があります。

12	何度も読み返して、校正する

誤字はないか、流れはおかしくないかなど、丁寧に校正します。プレゼンテーションをする場合は、リハーサルも忘れずに行いましょう。

CHAPTER 2

02 「効率」と「わかりやすい」デザインの両立

TOPIC

パワーポイントをうまく使えれば、「わかりやすい」デザインを「効率的に」作成できます。そのためには「事前準備」が欠かせません。

スライドマスターの役割を理解しておく

　パワーポイントの重要な機能は「スライドマスター」に集中しています。ところが、多くのパワーポイントユーザーはスライドマスターをほとんど触りません。これは、スライドマスターを使わなくてもそれなりのスライドができてしまうこと、スライドマスターについてしっかり説明している書籍やWebサイトがあまりないことなどに起因しています。

　たとえば、Fig.2-01のような2枚のスライドを作ることを考えてみましょう。レイアウトは同じで、写真やテキストなどのコンテンツだけが異なります。このようなスライドを作るとき、皆さんはどのようにするでしょうか。

Fig.2-01 ▶ レイアウトは同じで、中身だけが異なる2枚のスライド

おそらく多くの人が、1枚目のスライドをコピーして2枚目のスライドを作るか、または2枚目を新規で作成し、1枚目から必要な部分をコピーして持ってくるかのどちらかで作成するのではないかと思います。

ところがこの方法では、あとから見出しのフォントやサイズを変えたくなったり、あるいは画像に枠や影をつけたり、画像とテキストの間隔を広げたくなったりしたとき、すべてのスライドを1つずつ修正しなければならなくなります。2枚程度のスライドなら手動で何とかなりますが、もし同じようなスライドが10枚あったら面倒で仕方ありません。パワーポイントでは本来、このような無駄な作業は必要ありません。「スライドマスター」を開いて、Fig.2-02のようなレイアウトを先に定義します。

仮に上で挙げたような変更を後から行いたくなったとしても、このレイアウトを1枚修正するだけで、全スライドの見た目を修正できます。非常に便利ですね。

Fig.2-02 > スライドマスターでレイアウトを定義しておく

効率化・一貫性・柔軟性のための事前準備をする

スライドマスターの例を見てもわかる通り、パワーポイントを使いやすくカスタマイズしておけば、無駄な作業を極力なくし、効率的にスライド作成を行えるようになります。

また、複数のスライドに同じレイアウトを適用できるため、デザインの一貫性が100%保たれます。手動で細かな設定まで一貫性を保証するのは、ほぼ不可能に近いといえます。

さらに、後から資料を使いまわしたり、一括して修正したりといった柔軟性も向上します。はじめのうちは面倒かもしれませんが、きちんと最初に準備しておくほうが、総合的に見たときに相当な時間短縮・品質向上につながります。

03 フォントを選ぶ

 TOPIC フォントはスライドの見やすさ、美しさの大半を決めてしまいます。正しく選べば、それだけで印象のよいスライドに大きく近づけられます。

美しいフォントを使えば、美しいスライドになる

パワーポイントで作られる資料には、必ず文字による情報が出てきます。平均すると80%以上は文字の情報なのではないかと思えるくらい、文字であふれています。

仮にスライドに対して、文字が占める割合が50%であったとすると、フォントが見やすく美しければ、何もしなくてもこの50%分は勝手にフォントが美しくしてくれるのです。たったひと手間加えるだけでスライドが格段によくなるのであれば、実践しない手はありません。

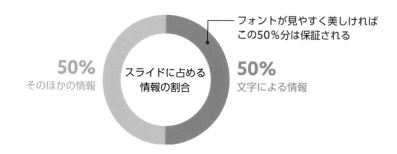

同じ内容で、フォントだけを変えた例が下のFig.2-03、Fig.2-04です。デザインセンスなどなくとも、良質なフォントを選ぶだけで、ここまで劇的に印象が変わります。

> フォントは
> 世界を変える
> The Quick Way to Make Your Slides Beautiful

Fig.2-03 › MS明朝を使用したスライド

> フォントは
> 世界を変える
> The Quick Way to Make Your Slides Beautiful

Fig.2-04 › リューミンとCrimson Textを使用したスライド

可読性の高い、ゴシック体・サンセリフ体から選ぶ

　和文書体には、大きく分けて明朝体とゴシック体の2種類があります。

　明朝体は手で書いた文字をその起源としているため、しるしをつけた部分のように「ウロコ」と呼ばれる部位が存在します。また一般的に、横画が細く、縦画が太いといった特徴も持っています。逆に、ゴシック体にはウロコがなく、すべての縦画も横画もほぼ均一の太さをしています。

明朝体

あ和

ゴシック体

あ和

　セリフ体には「セリフ」と呼ばれる、日本語と同じような「ウロコ」部位が存在し、横が細く縦が太くなる傾向を持っています。サンセリフ体は「サン（ない）＋セリフ」という名前の通り、セリフがなく、基本的に均一な太さで構成される書体です。

セリフ体

Aa

サンセリフ体

Aa

　パワーポイントでは基本的に、Fig.2-05のように小さな文字にしても可読性が失われにくい、ゴシック体かサンセリフ体を用いるようにします。「細い画」が存在する明朝体は、文字が小さくなるにつれて読みにくくなり、特にプロジェクターで投影する場合や、Windowsのクリアタイプの設定によっては、かすれて見えなくなることさえあります。

　もちろん、スライドタイトルなどフォントサイズが大きい部分に明朝体を使うことはできますが、初心者は、デザインに慣れるまではゴシック体を使用するようにしてください。

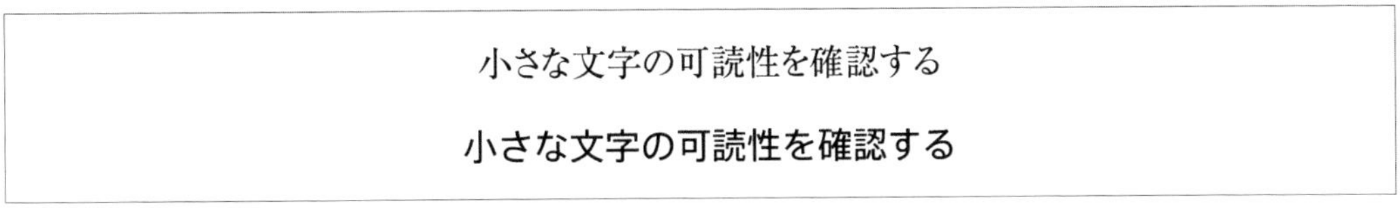

小さな文字の可読性を確認する

小さな文字の可読性を確認する

Fig.2-05 ▶ 小さい文字にはゴシック体かサンセリフ体を使う

和文用・欧文用の2種類のフォントを選ぶ

　当然ですが、たいていの場合英数字専用に作成されている欧文フォントのほうが、和文フォントよりも英数字を美しく出力できます。

すべて和文フォント

フーリエ変換（Fourier Transform）は、
西暦1811年に……

英数字部分が欧文フォント

フーリエ変換（Fourier Transform）は、
西暦1811年に……

　ただし、和文フォントと欧文フォントで文字の高さがあまりに異なるような組み合わせは、バランスが悪いので避けてください。これは欧文フォントにWindows標準のCalibriフォントを選んでしまった場合によく発生します。

フーリエ変換（Fourier Transform）は、
西暦1811年に……

欧文と和文の高さが
違いすぎる

　また、"a"と"o"の区別がつきにくいフォントは避けるようにします。Windows標準ではCentury Gothicが該当します。

Cacao
Cacao

Cacao
Cacao

　パワーポイントでは、和文フォント、欧文フォントの2種類を選んで使うようにしましょう。英数字には欧文フォントを使用するのがポイントです。P.030以降でおすすめのフォントを紹介しますので、参考にしてみてください。

なるべくウェイトが多いものを選ぶ

ウェイトとは、いってみれば文字の太さのことです。ウェイト（重さ）という名前の通り、ウェイトが太くなるほど重たい印象になってきます。フォントによって用意されているウェイトの数は変わります。

エキストラライト	Extra Light	ミディアム	**Medium**
ライト	Light	セミボールド	**Semi Bold**
レギュラー	Regular	ボールド	**Bold**

フォントを選ぶ際は、最低でもRegularとBoldが用意されているフォントにします。Lightまであるとなおよいでしょう。ちなみに、ウェイトの呼び方はフォントによって異なる場合があります。

以下の手順で、コントロールパネルのフォントフォルダを開けば、すでにインストールされているフォントにどのウェイトが含まれているかを確認できます。

◉ 利用できるフォントやフォントウェイトの確認

1 Windowsの検索ボックスに「コントロールパネル」と入力し、検索結果で、［コントロールパネル］をクリックします❶。

2 コントロールパネルで、［デスクトップのカスタマイズ］→［フォント］とクリックすると、インストールされたフォントの一覧が表示されます。

おすすめの和文フォント

　パワーポイントでフォントを使うときは、実際にパワーポイントファイルを開く環境に注意する必要があります（P.036以降を参照）ので、互換性を考慮した上で、おすすめのフォントを紹介します。

　互換性を重視する場合は、WindowsならBIZ UDPゴシックまたは游ゴシックがおすすめです。BIZ UDPゴシックは欧文部分が今ひとつなので、ほかの欧文フォントと組み合わせて使うとよいでしょう。游ゴシックは全体的に細身なため、フォントサイズを大きめにする、終始太字を使うなどの工夫が必要です。メイリオは、ほかに候補がない場合の最終手段としてください。

　Macユーザーは、標準でバンドルされているヒラギノ角ゴシックを使っておけば間違いありません。ただし、ファイルを開く環境がMacだけでない場合は、注意が必要です。

◉ 互換性を重視する場合

游ゴシック

あ 和

もし鳥だつたなら、ギリシャの柱のてつぺんで、朝日の歌をうたはう。橄欖に包まれた神殿に隅まで明るい朝日、そのなかで、死ぬまで心をはりつめて。

BIZ UDPゴシック

あ 和

もし鳥だつたなら、ギリシャの柱のてつぺんで、朝日の歌をうたはう。橄欖に包まれた神殿に隅まで明るい朝日、そのなかで、死ぬまで心をはりつめて。

メイリオ

あ 和

もし鳥だつたなら、ギリシャの柱のてつぺんで、朝日の歌をうたはう。橄欖に包まれた神殿に隅まで明るい朝日、そのなかで、死ぬまで心をはりつめて。

美しさ・品質を重視する場合は、有料のフォントを利用します。デザイナーがよく用いるフォントで、Web、書籍、ポスターなど様々な媒体で使用されています。いずれのフォントもウェイトが豊富に用意されているので、どれか1つ持っているだけで一生重宝します。

　AdobeのCreative Cloudユーザなら、Adobe Fontsを通して利用できる有料フォントもあります（たとえば下のUD角ゴ_ラージやヒラギノ角ゴ）。

◉ 美しさ・品質を重視する場合

AXIS

あ和

もし鳥だつたなら、ギリシャの柱のてつぺんで、朝日の歌をうたはう。橄欖に包まれた神殿に隅まで明るい朝日、そのなかで、死ぬまで心をはりつめて。

新ゴ

あ和

もし鳥だつたなら、ギリシャの柱のてつぺんで、朝日の歌をうたはう。橄欖に包まれた神殿に隅まで明るい朝日、そのなかで、死ぬまで心をはりつめて。

UD角ゴ_ラージ

あ和

もし鳥だつたなら、ギリシャの柱のてつぺんで、朝日の歌をうたはう。橄欖に包まれた神殿に隅まで明るい朝日、そのなかで、死ぬまで心をはりつめて。

ヒラギノ角ゴ

あ和

もし鳥だつたなら、ギリシャの柱のてつぺんで、朝日の歌をうたはう。橄欖に包まれた神殿に隅まで明るい朝日、そのなかで、死ぬまで心をはりつめて。

おすすめの欧文フォント

　欧文フォントは、日本語フォントとは比較にならないほど膨大な数が存在します。有料で品質の優れたものがあるのはもちろんですが、無料でも高品質なフォントが手に入りますので、できる限りそちらを使うようにしましょう。もしどうしても互換性を重視したり、新しいフォントの追加が許されなかったりする場合は、次のようなSegoe UIかArialを使います。

◎ 互換性を重視する場合

Segoe UI

Aa

There are only two ways to live your life.
One is as though nothing is a miracle. The
other is as though everything is a miracle.

Arial

Aa

There are only two ways to live your life.
One is as though nothing is a miracle. The
other is as though everything is a miracle.

 フリーフォントの宝庫、Google Fonts

Google Fontsでは、無料で使えるフォントがたくさん公開されています。

・Google Fonts: https://fonts.google.com/

Google Fontsからフォントをダウンロードするには、各フォントページの右上にある「Download family」をクリックします。バリアブルフォントが含まれている場合がありますが、パワーポイントで使用するとPDF化の際に問題が発生する可能性があるため、staticフォルダに入っている個別のフォントを使用してください。

美しさや品質を重視する場合は、以下のような高級フォントの導入を検討します。これら以外でも、Myriad ProやNeue Frutiger、Proxima Novaなど、幅広い選択肢があります。プロフェッショナルフォントとしてまとめてくれているサイトもありますので、参考にしてみるのもよいでしょう。

　Macユーザーは、Avenir Nextがバンドルされていますし、超有名フォントであるHelvetica Neueも使えます。Windowsと比べると、Macはフォント環境に恵まれていますね。

◉ 美しさ・品質を重視する場合

There are only two ways to live your life. One is as though nothing is a miracle. The other is as though everything is a miracle.

There are only two ways to live your life. One is as though nothing is a miracle. The other is as though everything is a miracle.

There are only two ways to live your life. One is as though nothing is a miracle. The other is as though everything is a miracle.

There are only two ways to live your life. One is as though nothing is a miracle. The other is as though everything is a miracle.

無料で使えるフォント

　Web上には、無料で公開されているフォントがたくさんあります。ここでは、パワーポイントに適切な、おすすめの無料フォントをご紹介します。

　下に示した欧文フォントは、すべてGoogle Fontsから手に入れられます。中でもInterは美しさ・読みやすさに定評があり、非常に人気のあるフォントです。

◉ おすすめの無料欧文フォント

Inter

Aa

There are only two ways to live your life. One is as though nothing is a miracle. The other is as though everything is a miracle.

https://fonts.google.com/specimen/Inter

Albert Sans

Aa

There are only two ways to live your life. One is as though nothing is a miracle. The other is as though everything is a miracle.

https://fonts.google.com/specimen/Albert+Sans

Montserrat

Aa

There are only two ways to live your life. One is as though nothing is a miracle. The other is as though everything is a miracle.

https://fonts.google.com/specimen/Montserrat

Roboto

Aa

There are only two ways to live your life. One is as though nothing is a miracle. The other is as though everything is a miracle.

https://fonts.google.com/specimen/Roboto

　無料で使用できる和文フォントはそこまで多くありませんが、近年では品質の高いフォントも徐々に増えつつあります。Google Fontsから手に入れられるNoto Sans Japaneseは広く使われるようになってきましたし、多少癖はありますがIBM Plex Sans JPやZen Kaku Gothicなども候補としては有力です。また、LINE Seedは有料であってもおかしくないほどの品質にも関わらず、無料で公開されているありがたいフォントです。

◉ おすすめの無料和文フォント

Noto Sans Japanese

あ和

もし鳥だつたなら、ギリシャの柱のてつぺんで、朝日の歌をうたはう。橄欖に包まれた神殿に隅まで明るい朝日、そのなかで、死ぬまで心をはりつめて。

https://fonts.google.com/noto/specimen/Noto+Sans+JP

IBM Plex Sans JP

あ和

もし鳥だつたなら、ギリシャの柱のてつぺんで、朝日の歌をうたはう。橄欖に包まれた神殿に隅まで明るい朝日、そのなかで、死ぬまで心をはりつめて。

https://fonts.google.com/specimen/IBM+Plex+Sans+JP

LINE Seed

あ和

もし鳥だつたなら、ギリシャの柱のてつぺんで、朝日の歌をうたはう。橄欖に包まれた神殿に隅まで明るい朝日、そのなかで、死ぬまで心をはりつめて。

https://seed.line.me/index_jp.html（商用利用の場合は、製品・サービスに帰属を含めることが推奨されています）

Zen Kaku Gothic New

あ和

もし鳥だつたなら、ギリシャの柱のてつぺんで、朝日の歌をうたはう。橄欖に包まれた神殿に隅まで明るい朝日、そのなかで、死ぬまで心をはりつめて。

https://fonts.google.com/specimen/Zen+Kaku+Gothic+New

パワーポイントでフォントを使うときの注意

　せっかくフォントにこだわって作ったパワーポイントの資料でも、別のパソコンで開く場合は、その
パソコンにフォントがインストールされていなければ、別のフォントに変わってしまいます。

　互換性を考慮し、Windows標準のフォントのみを使用している場合は問題ありませんが、そうで
ない場合は、「パワーポイントをPDFとして保存する」か「パワーポイントファイルにフォントを埋め込
む」かの、いずれかの処理を行う必要があります。

　このうち、パワーポイントのファイルをPDFに変換する方法が最も簡単で、ビジネスシーンなどで
もよく用いられます。PDFにしてしまえばフォント環境を気にする必要はなくなりますし、Adobe
Acrobat Readerさえあればどの環境でも同じ見た目で資料を見られるので、非常に便利です。
Acrobat Readerで、[メニュー] → [表示] → [フルスクリーンモード] (または Ctrl + L) とすれば、パ
ワーポイントと同じように全画面でスライドショーも行えます。

　反面、アニメーションや画面切り替え効果などは使えませんし、専用のソフトウェアを使わなければ
編集もできません。また、画像や文字の品質が想定通りにならない場合もあります。

● パワーポイントファイルのPDF保存

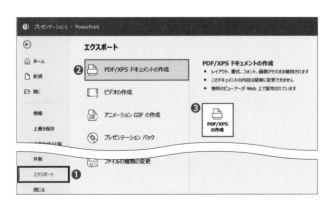

1 [ファイル] タブをクリックして、[エク
スポート] をクリックします❶。

2 [PDF/XPS ドキュメントの作成] をク
リックします❷。

3 [PDF/XPSの作成] をクリックします
❸。

また、パワーポイントには「フォントの埋め込み」という機能が備わっています。名前の通り、使われているフォントをパワーポイントのファイルに埋め込む (含める) ことで、どの環境で開いても同じフォントで表示できます。ただし、この手法はフォント自体の「埋め込み設定」によって、次のように挙動が変化します。

フォントの埋め込み可能	フォントがインストールされていないPCで開いたときの挙動
制限されています	フォントは埋め込めず、別のPCで開く場合、ほかのフォントに置き換えることになります。この設定が施されているフォントはほとんどありません。
プレビュー /印刷	フォントを埋め込めますが、別のPCで開いたときは「読み取り専用」になり、そのままでは編集できません。編集するには、埋め込みフォントを破棄する必要があります。
編集可能または インストール可能	フォントを埋め込めるうえ、別のPCで開いてもそのフォントを維持したまま編集できます。

● パワーポイントファイルへのフォント埋め込み

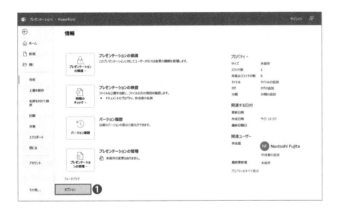

1 [ファイル] タブをクリックして、[オプション] をクリックします❶。

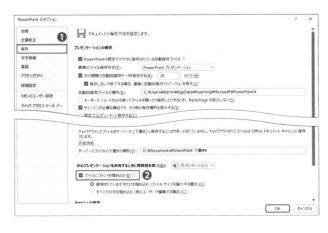

2 [PowerPointのオプション] 画面が表示されるので、[保存] をクリックします❶。[次のプレゼンテーションを共有するときに再現性を保つ] 欄にある [ファイルにフォントを埋め込む] をクリックしてチェックを入れます❷。

いくつかのフォントは埋め込みを「プレビュー /印刷」に制限しています。このフォントが埋め込まれたパワーポイントファイルを別のPCで開くと、「埋め込みが制限されている」旨の警告が表示され「読み取り専用」で開くか「埋め込まれたフォントを破棄」するかを選択しなければなりません。読み取り専用で開くと、編集はできませんがフォントは維持されますので、プレゼンテーション用途での支障はありません。

　フォントが埋め込み可能かどうかは、以下の操作で調べられます。

◎ フォントが埋め込み可能かどうかの確認

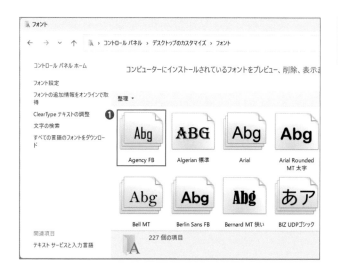

1 フォントファイルを表示して（P.029参照）、調べたいフォントファイルをクリックします❶。

2 ウィンドウの右下の「フォント埋め込み可能」に「編集可能」と表示されていれば、フォントを埋め込めます❶。

パワーポイントで色のRGB値を調べる方法

パワーポイントで新しい色を設定するには、カラーピッカーで色を選ぶか、RGBまたはカラーコードを直接指定します。したがって、たとえばコーポレートカラーなどのキーカラーをパワーポイントで使いたい場合は、事前にRGB値を調べておかなければなりません。

Photoshopのような外部アプリケーションを使わずとも、パワーポイントの「スポイトツール」を使えばRGB値を調べられます。対象となる色の上にスポイトを移動させ、しばらく待つとRGB値が表示されますので、メモ帳や手元のノートなどに控えておくとよいでしょう。

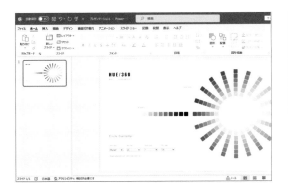

1 色を調べたい画像をパワーポイント上に表示します。ブラウザなどほかのアプリケーションで表示している色を調べたい場合は、スクリーンショットを撮り、パワーポイントのスライド上にペーストします。

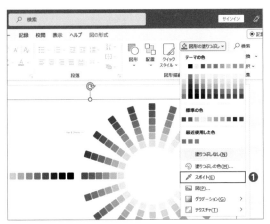

2 カラーパレットを開き（ここでは、[図形の塗りつぶし]から開いています）、[スポイト]をクリックします❶。

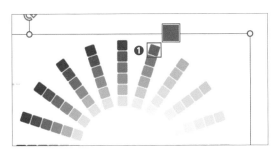

3 パワーポイント上の調べたい色の上に、スポイトに変化したマウスカーソルを移動します❶。しばらく待つと、RGB値が表示されます。

04 色を選ぶ

TOPIC 色の選択は難しく、デザイナーでも頭を悩ませるほどです。そのため、一般の人はむやみに色を多用せず、ポイントをおさえて色を選ぶようにします。

色には相性がある

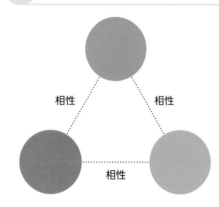

　色が複数あるとき、そこには相性関係が発生します。相性がよいことを、色の世界では「調和している」と表現します。色の数が増えれば増えるほど、調和をとるのが難しくなるため、デザイナー以外の人には手に負えなくなってきます。

　そこで、色数を必要最低限にし、なるべく相性関係を考えなくてもすむようにすることを考えていきましょう。

スライドの背景色は白にする

　「白」はどの色とも調和するため、相性関係を考えなくてよくなります。最初のうちはFig.2-06のように、背景色は必ず白にしましょう。Fig.2-07のように背景に色を付けてしまうと、上に載せる色との調和が乱れて全体の印象が悪くなります。

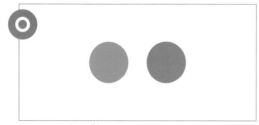

Fig.2-06 ▶ 背景が白いスライド

Fig.2-07 ▶ 背景が薄いオレンジのスライド

パワーポイントで使いやすい、70:25:5の法則

パワーポイントで配色を考えるときは、70:25:5の法則を用いると簡単にうまくまとめられます。それぞれの数値は下のグラフのように、スライドに対して「ベースカラー」「メインカラー」「アクセントカラー」が占める割合を示しています。

メインカラー

スライド全体の印象を決める大切な色です。たとえば、さわやかな感じにしたい場合には寒色系を、自然をテーマにしたいなら緑系を選ぶ、というイメージです。

5

25

70

アクセントカラー

「アクセント」という名前の通り、強調させたい場所に使用する色であると同時に、メリハリをつけ、全体をぐっと引き締める効果を持っている色のことです。3つのカラーのなかで最も目立つ色です。

ベースカラー

紙面上で最も広い面積を占めている色で、パワーポイントでは背景色が該当します。初心者は必ず白にしましょう。

Fig.2-08 › アクセントカラーを利用したスライド

Fig.2-09 › アクセントカラーを利用しないスライド

70:25:5の法則に従うと、Fig.2-08のように、メインカラーが全体の印象を決め、アクセントカラーが重要な点を強調すると同時に、全体をぐっと引き締めています。アクセントカラーを取り除いたFig.2-09と比べると、差は歴然ですね。

色を選ぶときは、原色を避ける

Fig.2-10 ▶ 光の三原色(RGB)

原色とは、ほかの色を生み出すために必要な、元となる色のことです。RGBでは赤、緑、青で、CMYKではシアン、マゼンタ、イエロー（および黒）を指します。

原色は非常に強い印象を与え、大きな存在感を主張するため、とても扱いにくいです。CMYKの場合はそれほどでもありませんが、RGBの原色は、よほどのことがない限り使用を避けてください。

文字色・背景色どちらにも使える色を選ぶ

パワーポイントでの色の用途は「図形の色・枠線」「文字色」の2つに大別できます。これを考慮すると、Fig.2-11のように図形の上に白いテキストを載せるとき、白い背景に文字として載せるときの、両方の場面で使える色を選ぶべきだということがわかります。

Fig.2-12のように明度の高い色を採用すると、背景色にしたとき、文字色にしたときどちらも見えにくくなります。色を選ぶときは、原色を避け、背景色・文字色どちらでも使える色を選ぶようにしてください。スライドを作り始める前に、簡単に確認しておきましょう。

Fig.2-11 ▶ 文字が読みやすい色づかい

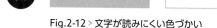

Fig.2-12 ▶ 文字が読みにくい色づかい

MEMO　明度と彩度

明度とは、色の明るさのことで、高いと白に、低いと黒に近づいていきます。明度違いの色は、トーン・オン・トーンという色の調和を生み出します。彩度とは、色の鮮やかさのことで、彩度が0になると無彩色、すなわちグレースケールの色になります。

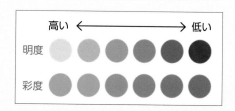

選ぶ基準はわかりましたが、いざ具体的に色を選ぶとなると手が止まってしまいがちです。そこで、ブラウザから利用できる「HUE 360」というアプリケーションを使って、簡単にセンスよくメインカラーとアクセントカラーを決める方法を紹介します。

　HUE 360には最初から使いやすい色が並んでいる上、選んだ色に対して相性のよい色を自動で絞り込んでくれるので、デザイナー以外の人には何ともありがたいアプリケーションです。ただし、ブラウザ上ではRGB値がわからないので、P.039を参考に、スポイトツールを使って調べる必要があります。

◉ メインカラーとアクセントカラーを簡単に決める

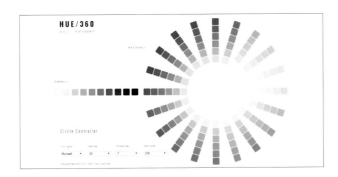

1 ブラウザで「[HUE/360] The Color Scheme Application」(https://hue360.herokuapp.com/) を表示します。

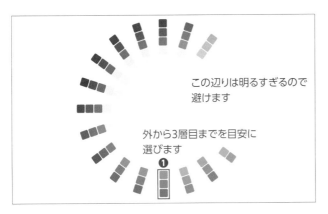

この辺りは明るすぎるので避けます

外から3層目までを目安に選びます
❶

2 色相環の外側から3層目までをめやすに、好きな色をクリックします❶。パワーポイントでは、この色をメインカラーとして使用します。

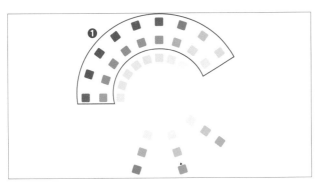

❶

3 色が絞られますので、選んだ色と反対のほうにある色をクリックします❶。パワーポイントでは、この色をアクセントカラーとして使用します。

おすすめの配色パターン

　初心者が配色に失敗しないコツは、メインカラーに青・緑系の色を、アクセントカラーに暖色系の色を用いることです。ここでは、青・緑系を中心に、おすすめの配色パターンをサンプルとともにご紹介します。

メインカラー　RGB［48,163,179］

アクセントカラー　RGB［204,107,156］

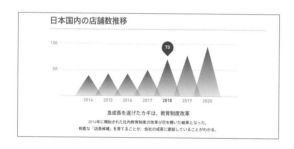

メインカラー　RGB［49,118,137］

アクセントカラー　RGB［205,69,96］

メインカラー　RGB［46,131,184］

アクセントカラー　RGB［255,85,85］

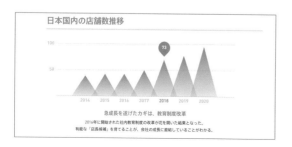

メインカラー　RGB［137,157,37］

アクセントカラー　RGB［254,114,114］

文字色には、黒ではなくグレーを使う

最後に、文字の色についてもまとめておきます。Webデザインの世界ではよく知られていますが、文字色には完全な黒ではなく、グレーを使います。白い背景の上に黒い文字をのせると、コントラストが強すぎて馴染まないからです。グレーの文字のほうが白となじんで印象が柔らかくなるため、とても読みやすくなります。これは特にモニタ上で見る場合に顕著です。

また、文字色は、メインとなるテキストカラーのほかに、サブテキストカラーも選んでおくと便利です。

Fig.2-13のように、見出しには暗いグレーを、文章には明るいグレーを使うことで、両者の差をよりはっきりさせられます。白黒だけでも、ちょっとした工夫で見やすくできます。

テキストカラーはグレーにする

白い背景の上に純粋な黒をのせるとコントラストが強すぎます。
テキストカラーにグレーを使えば白い背景になじみ、
印象が柔らかくなるため、とても読みやすくなります。

Fig.2-13 ▶ 見出しに暗いグレーを、文章に明るいグレーを適用した例

文字の色の大体のRGB値を下に示してみました。自分で選ぶときは、「テキストカラーとサブテキストカラーの違いがきちんとわかること」「サブテキストカラーの色を明るくしすぎないこと」の2点に気を付けてください。あまり明るすぎる色を選ぶと、逆に文字が読みにくくなります。

テキストカラー	RGB [50,50,50] 〜RGB [70,70,70]
サブテキストカラー	RGB [80,80,80] 〜RGB [100,100,100]

MEMO　人は色にイメージを持っている

色が人に与える印象は、それぞれで異なります。たとえば、青は「爽やか・信頼」、緑は「自然・エコ」、赤は「情熱・禁止」などが挙げられます。あまり神経質になる必要はありませんが、スライド作成に慣れてきたら、リサイクルをテーマにする場合はメインカラーを緑系にする、食品を扱う場合は暖色系を選ぶなど、少しだけ気にかけるとよいでしょう。

使いやすい
パワーポイントにする

パワーポイントには、作業を効率化できる様々な機能が用意されています。
少し時間をとって準備するだけで、快適な作業環境を調えられます。

スライドのサイズは16:9に設定する

スライドのサイズを決めるときは、実際にスライドを使う環境を考慮します。たとえばプレゼンテーション会場のプロジェクターが4:3の場合は、スライドも4:3で作成するべきでしょう。あるいは、A4サイズの印刷物として配布する場合は、スライドもA4サイズで作っておくべきかもしれません。

ところがパワーポイントの資料というのは、ある特定の場所でしか使われないというケースはまれで、デスクトップ上で閲覧したり、テレビモニタに映したりと、閲覧環境が1つに定まらないことが普通です。そこでスライドのサイズは、ある特定の環境でしか使わない場合以外、基本的に16:9で設定します。なぜならば、4:3やA4サイズのスライドより、16:9のスライドのほうが、同じ内容でも圧倒的にセンスよく見えるからです。16:9でもA4の用紙に印刷する分には問題ありませんし、4:3のプロジェクターに投影しても、上下に黒い帯が入るだけでほとんど気になりません。

Fig.2-14 > 16:9のスライド　　　　　　　　　　Fig.2-15 > 4:3のスライド

スライドサイズの設定は、どの作業よりも優先して一番初めに行ってください。後から変更すると、配置がおかしくなるなどの不具合が発生する場合があります。

パワーポイントで新規プレゼンテーションを作成すると、「ワイド画面」という16:9のスライドサイズが初期設定になっています。このままでも大きな問題にはならないのですが、画像として書き出したときに1280×720ピクセルのHDサイズになってしまいます。これはパワーポイントの標準の解像度が96dpiに設定されているためです。

初めから1920×1080ピクセルのFull HDに対応しておいた方が何かのときに便利ですので、本書では「幅50.8cm × 高さ28.57cm」に設定することを推奨します。この状態で画像として書き出すと、Full HD画質で出力されます。

ちなみに、解像度を変更することで画質を向上させることもできますが、レジストリの変更が必要になりますので、本書では紹介しません。スライドサイズで調整する方が簡単で、安全です。

● スライドサイズの設定

1 [表示] タブをクリックし❶、[スライドマスター] をクリックします❷。

2 [スライドのサイズ] をクリックして❶、[ユーザー設定のスライドのサイズ] をクリックします❷。

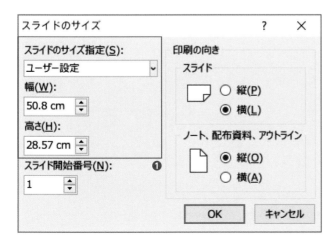

3 [スライドのサイズ指定] をクリックしてリストから選ぶか、[幅] と [高さ] を数値で指定します❶。

英数字と日本語のフォントを登録する

　CHAPTER 2の03で、日本語には和文フォントを、英数字には欧文フォントを使うべきであるというお話をさせていただきました。しかし、和文フォントだけを設定するならまだしも、英数字を使うたびに欧文フォントを手動で設定するのは現実的ではありません。

　そこで、パワーポイントの「テーマのフォント」という機能を利用して、和文フォントと欧文フォントを一括設定します。

　フォントを変更するメニューをクリックすると、「テーマのフォント」というセクションがあり、「見出し」「本文」に対して使われる、欧文フォント・日本語フォントが登録されていることがわかります。ここでいう「見出し」とは、プレゼンテーションやスライドのタイトルを記入する部分です。

Fig.2-16 › テーマのフォントを確認する

　テーマのフォントは、「既定のフォント」として扱われるので、いちいちフォントを設定する必要がなくなります。新規でテキストボックスを追加したとき、図形内にテキストを書き込んだときも同じように、テーマのフォントが使われます。また、日本語フォントと欧文フォントは、Fig.2-17のように全角か半角かによって自動で使い分けられます。

　このように、テーマのフォントを利用すると様々なメリットが得られるため、パワーポイントでフォントを変えるときは該当箇所を選択して直接変更するのではなく、まずテーマのフォントを変更するのが正しい使い方です。

Fig.2-17 › テーマのフォントは、全角か半角かによって自動的に使い分けられる

テーマのフォントを追加したり変更したりするには、下の手順のように、スライドマスターメニューから行います。

　テーマのフォントは一度登録するとセット（パターン）として保存されます。別の資料を作るときに、以前作ったフォントパターンを使いたくなったら、下の手順2におけるフォントパターン一覧から選ぶだけで、簡単にテーマのフォントを変更できます。

　テーマのフォントを変更すると、「見出しのフォント」「本文のフォント」を適用したすべてのテキストボックス、プレースホルダー、図形のフォントが一括で変わります。後からフォントを変更したくなったときでも、クリック1つですべてのフォントを入れ替えられます。ただし、「テーマのフォント」以外のフォントを指定した部分については変更されません。

◉ テーマのフォントの設定

1 [表示] タブをクリックし**❶**、[スライドマスター] をクリックします**❷**。

2 [フォント] をクリックして**❶**、[フォントのカスタマイズ] をクリックします**❷**。

3 [テーマのフォントの編集] 画面が表示されるので、それぞれのフォントを指定します**❶**。また、[名前] でわかりやすい名前を付けておくと、後からパターンを選びやすくなります**❷**。

メイン・アクセントカラーとテキストカラーを設定する

CHAPTER 2の04を通して、メインカラーおよびアクセントカラーと、テキスト・サブテキストカラーを決めました。しかし当然のことながら、デフォルトのカラーパレットにこれらの色はありません。

Fig.2-18のように、色を選択するためのカラーパレットの中に「テーマの色」という部分があります。パワーポイントには、このテーマの色を変更する機能が備わっています。よく使う色を登録しておけば、その色を利用しやすくなるほか、明度違いのカラーパレットが自動で生成されるので、使い勝手がとてもよくなります。

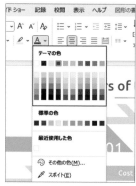

Fig.2-18 ＞ テーマの色

さらに、Fig.2-19のようにテーマの色を変更すると、その色が使われている図形、線、テキストなど、すべての色が変わります。何枚もスライドを作成した後でも、全スライドの色変更が簡単に行えます。なお、下表のようにテーマの色は、カラーパレットに表示される10色と、リンク用2色の合計12色登録できます。

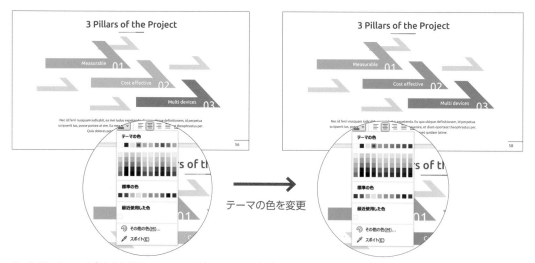

Fig.2-19 ＞ テーマの色を入れ替えると、スライド上のすべての色が入れ替わる

テキスト/背景 (4色)	おもにテキストに使用するための色を登録する。
アクセント (6色)	よく使用する色を登録する。メインカラーやアクセントカラーはここに登録する。
ハイパーリンク (2色)	ハイパーリンクを挿入したときの色を登録する。クリック前、クリック後の2色を登録できる。

テーマの色の追加・変更も、フォントと同様、スライドマスターメニューから行います。

フォントと同じく、これらの色はセット（パターン）として保存されます。別のパワーポイントスライドで同じパターンを使いたくなったら、手順2の配色パターン一覧から選ぶだけで、簡単にテーマの配色を変更できます。

○ テーマの色の設定

1 [表示] タブをクリックし**①**、[スライドマスター] をクリックします**②**。

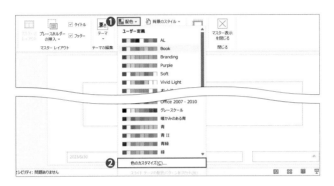

2 [配色] をクリックして**①**、[色のカスタマイズ] をクリックします**②**。

3 [テーマの新しい配色パターンを作成] 画面が表示されます。

まず、「テキスト/背景: 濃色 1」にテキストカラーを**①**、「テキスト/背景: 濃色 2」にサブテキストカラーを登録します**②**。

次に「アクセント 1」にメインカラーを**③**、「アクセント 2」にアクセントカラーを設定します**④**。「ハイパーリンク」「表示済みのハイパーリンク」は、両方ともメインカラーを設定しておきましょう**⑤**。

「アクセント3〜6」は今回使いませんので、変更しなくても構いません。

図形と線を効率よく利用する

　毎回同じ色の図形を挿入したいのに、図形を挿入するたびに標準の色に戻ってしまい、イライラしながらスライドを作成した経験はないでしょうか。あるいは、同じ設定の図形を使うために、わざわざ別のスライドからコピーしてもってくる、なんて手間をかけている人もいるかもしれません。パワーポイントには、よく使う図形や線を「既定（デフォルト）」として設定する機能があります。既定に設定した図形や線の書式は、以後図形を挿入するたびに適用され、作業効率を格段に向上させられます。

　なお、よく使う図形や線は、スライドを作成していくうちに変わることもあります。そのようなときは、積極的に「既定の図形・線」を変更して、作業の効率化を図りましょう。

◎ 既定の図形と線の登録

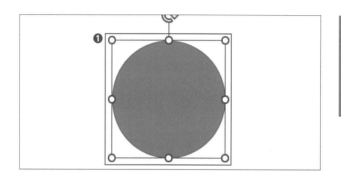

1 スライドに、適当な図形を挿入します❶。P.051の手順で「テーマの色」が正しく設定されていれば、メインカラーで塗りつぶされ、それよりも少し濃い色の枠線がついた図形が挿入されます。

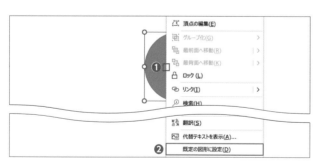

2 塗りと枠線を編集して、自分がよく使う図形にします。できた図形の上で右クリックし❶、表示されたメニューで[既定の図形に設定]をクリックすると❷、「既定」の図形を設定できます。

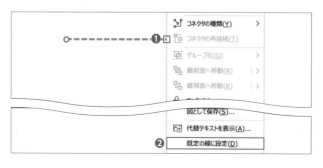

3 図形だけでなく「線」においても同様です。よく使う線をスライドに挿入し、右クリックして❶、[既定の線に設定]をクリックします❷。

テキストボックスを効率よく利用する

スライドを作成するとき、テキストボックスを使うことは多いでしょう。意外に設定項目がたくさんあるので、毎回書式を変更していたら手間がかかって仕方ありません。図形・線と同じように、テキストボックスも「既定」を設定できます。

既定を設定する前に、以下のような書式を調整しておきます。

- フォントとフォントサイズ
- 色
- 段落前後の余白 (P.091参照)
- 行間 (P.091参照)

◉ 既定のテキストボックスの登録

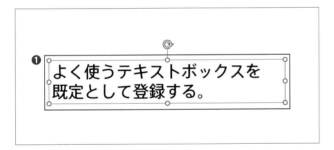

1 スライド上にテキストボックスを挿入し、フォントサイズや行間など、上で示したような書式を一通り調整します**❶**。

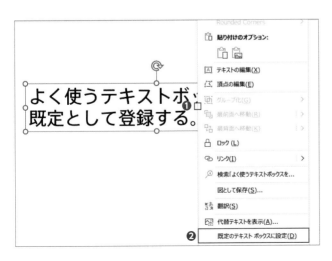

2 テキストボックスの上で右クリックして**❶**、表示されたメニューで [既定のテキスト ボックスに設定] をクリックします**❷**。
図形や線と同じく、いつでも変更できますので、頻繁に使うテキストボックスの書式が変わったら、既定を設定しなおします。

クイックアクセスツールバーによく使う機能を登録する

クイックアクセスツールバーは、パワーポイント画面左上に表示される小さなバーで、ありとあらゆる機能を自由に登録できます。使い慣れると、クイックアクセスツールバーなしで作業するのが億劫になるほどの便利さです。

クイックアクセスツールバーは、次のようにして編集できます。

Fig.2-20 > クイックアクセスツールバー

◯ クイックアクセスツールバーのカスタマイズ

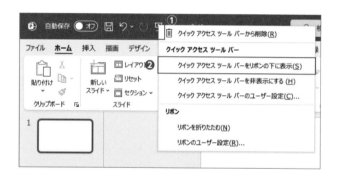

1 クイックアクセスツールバーが表示されていない場合は、リボン右下の〜をクリックし、[クイックアクセスツールバーを表示する] をクリックします。クイックアクセスツールバーが上に表示されている場合は、バーの上で右クリックして❶、[クイック アクセス ツールバーをリボンの下に表示] をクリックします❷。

2 すると、左の画像のようにクイックアクセスツールバーが移動します。上よりも下にあるほうが距離が近くなるため、使い勝手がよくなります。

3 最後に、クイックアクセスツールバーに新たに項目を登録してみましょう。追加したい機能の上で右クリックをして❶、[クイックアクセスツールバーに追加] をクリックします❷。

リボン上にはたくさんのメニュー、機能が並んでいますが、普段使う機能は限られているはずです。それらをクイックアクセスツールバーに登録しておけば、いちいちリボンを切り替えたり、機能を探したりする時間を大幅に削減できます。

何を追加するべきか迷う人は、下に示した筆者のクイックアクセスツールバーを参考にしてみてください。

このうち、少なくとも「配置」と「スライドマスター表示」「マスターを閉じる」の3つは必ず追加しておいてください。「配置」は、メニュー自体を登録するのではなく、「左揃え」「中央揃え」……「上下に整列」のすべてのサブメニューを個別で登録しておくと、編集作業がとても快適になります。

なお、クイックアクセスツールバーは1ラインしかないので、あまりに大量の機能を登録すると見えなくなり、素早くアクセスできなくなります。不要なアイテムは、その上で右クリックし [クイックアクセスツールバーから削除] することで整理しましょう。

筆者のクイックアクセスツールバー

参考までに、筆者のクイックアクセスツールバーを紹介しておきます。普段利用するほとんどの機能を追加しているので、タブを切り替えることなく効率的に作業を行うことができます。
ちなみに、クイックアクセスツールバーの設定は丸ごとエクスポートし、別のパワーポイントにインポートできます。家とオフィスで別々のパワーポイントを使っていたり、ほかの人と内容を共有したりする際に、設定を一括で移行できるのでとても便利です。ここでは詳しい手順を解説しませんが、「クイックアクセスツールバー　インポート」などとネットで検索すると方法は簡単に見つかります。

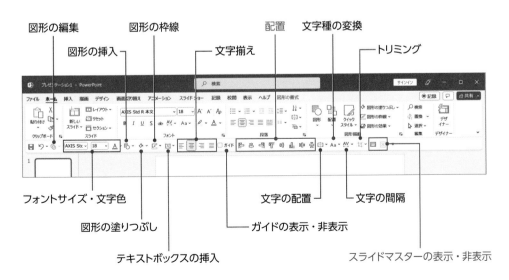

MEMO ラスター画像とベクター画像

画像には、大きく分けてラスター画像とベクター画像の2種類が存在します。一般的によく利用されるのはラスター画像で、JPEGやPNGもこれにあたります。

ラスター画像は小さな点（ドット）の集まりで構成され、写真や絵など、複雑な画像を表現するのにしばしば用いられます。ドットの集合で表現するため、

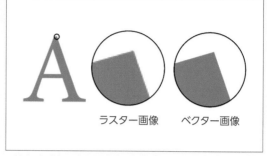

ラスター画像　　ベクター画像

拡大していくとそれぞれの点が視認でき、次第に粗さが目立つようになります。

一方ベクター画像は、ある点と点をどのように結ぶか、結ばれた区画内を塗りつぶすかどうか、などといった数学的な情報からなる画像で、どこまで拡大しても画質が劣化することはありません。アイコンやロゴなど、点と曲線から構成される図形の作成に向いていますが、写真のような複雑な画像には不向きです。

あまり認知されていませんが、パワーポイントはベクター画像を扱えます。完全再現できない場合もありますが、Adobe Illustratorから直接コピー＆ペーストすることさえ可能です。ラスター画像ではなくベクター画像を利用するメリットは、拡大しても画質が劣化しないだけでなく、下図のように、パワーポイントの図形と同じ感覚で塗りの色を変えたり、枠線を付けたりできるところにあります。

たとえば、FLATICON（https://www.flaticon.com/）というサイトでは、たくさんのアイコンが緩いライセンスの下で公開されており、ベクター形式（SVG）でダウンロードできます。PNGではなくSVGを利用すれば、色の変更や枠線の追加などがパワーポイント上で行えるので、大変便利です。

ただし、SVGの保存形式によってはパワーポイント上の編集ができない場合もあります。そのような場合は、Adobe Illustratorやオンラインコンバータなどを用いて、SVG形式に変換してからスライドに読み込みます。SVG形式で読み込むと図形はグループ化されてしまっているので、2度グループ化を解除することで、パワーポイント上での編集が可能になります。

スライドデザインの
セオリー

レイアウトの原則を守ることで、スライドのわかりやすさ、美しさ
は大きく変わります。

CHAPTER 3
01 オブジェクトの「整列」

TOPIC 人は、秩序立って整理されているものに関連性と美学を感じます。デザインの機能と見た目を支える、重要な原則「整列」について学んでいきましょう。

「整列」とは見えない線を見えるようにすること

整列とは、その名の通り「そろえる」ことです。揃えることによって、それまで見えなかった線がおのずと見えるようになります。

Fig.3-01の **Before** の例は、テキストがセンター揃えになっています。これはこれで悪くはありません。

では、 **After** のようにテキストを左揃えにするとどうなるでしょうか。センター揃えでは見えなかった線が、左揃えにすると見えるようになります。この「そろえる」という行為に対しては、1ピクセルも妥協してはいけません。小さなずれはやがて積み重なって、全体のひずみとなって顕在化してしまいます。

Fig.3-01 > 左に揃えると、見えない線が見えるようになる

図形や画像は、位置だけでなく大きさも揃える

　図形や画像は、位置だけではなく、できるだけ大きさも揃えるようにします。特に同列の意味合いや価値を持つ図形・画像に対しては、必ず大きさも揃えます。

　Fig.3-02の **Before** の例では、一辺が揃っていますが、大きさが不揃いなので、あまり整列されている感じがしません。

　そこで、**After** の例のように大きさを同じにしてみました。「見えない線」が2本に増えるので、より揃って見えますね。同時に、オブジェクトの間隔も同じにすることで、さらに「整列」の効果が強調されています。

　また、「整列」は、単に整理整頓するだけではなく、オブジェクト同士の関係に意味を持たせます。

- 揃っているオブジェクト同士は、何かしらの関係性がある
- 同じ大きさで揃っている図形や画像は、同じような価値・意味合いをもつ

　何の説明も書かずとも、単に整列するだけで、スライドは少しずつ勝手にメッセージを語るようになってきます。

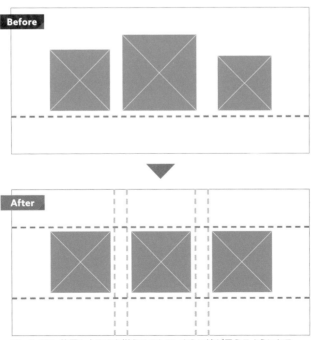

Fig.3-02 ＞ 位置と大きさを揃えることで、さらに線が見えるようになる

位置を揃えるときは、パワーポイントの機能に頼る

オブジェクトを手動で（目測で）揃えようとすると、どこかで必ずミスが発生します。一見揃っているように見える場合でも、スライドショーで拡大表示するとずれてしまっていることはよくあります。これから述べる3つの方法をうまく使って、なるべくミスを少なくしましょう。

まず基本的に、何かのオブジェクトをスライド上で揃えようとするときは、パワーポイントのスマートガイドに従うよう心がけます。オブジェクトを別のオブジェクトに近づけると、スマートガイドが自動で出現し、かつスナップ（吸着）するので、ぴったり揃えられます。

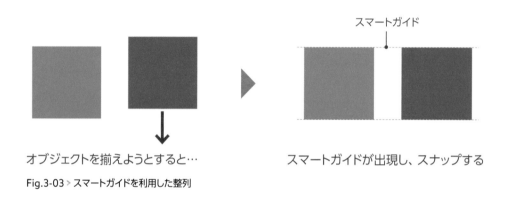

オブジェクトを揃えようとすると…

スマートガイドが出現し、スナップする

Fig.3-03 ＞ スマートガイドを利用した整列

次に、オブジェクトを平行移動するときは、 Shift を押しながらドラッグします。上下、または左右の移動だけに固定できます。

いったん揃えた図形でも、位置を微調整しなければならないことはよくあります。 Shift を押しながら移動すれば、上下か、または左右のみにしか動かせなくなるので、意図せぬ「ずれ」をある程度防げます。

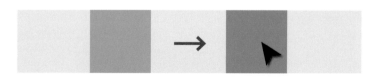

Shift を押しながら移動

Fig.3-04 ＞ 左右の移動のみで上下にぶれなくなる

オブジェクトが複数あるときの整列は、「配置」機能を使うと便利です。完全に揃えられるほか、「等間隔に配置する」こともできます。

なお、配置の機能はとても便利ですが、利用しにくい場所にあるのが難点です。P.054で紹介したように、クイックアクセスツールバーに登録することで利便性を上げておきましょう。

◉ 配置機能の利用

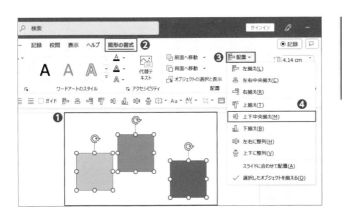

1 整列したいオブジェクトをすべて選択してから❶、[図形の書式] タブをクリックし❷、[配置] をクリックします❸。[上下中央揃え] をクリックして❹、上下方向の整列を実行します。

CHAPTER 3 › スライドデザインのセオリー

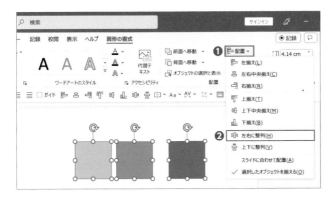

2 同じく [配置] をクリックして❶、今度は [左右に整列] をクリックします❷。

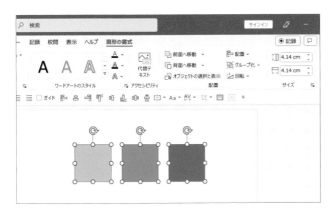

3 オブジェクト同士の上下の位置と距離を厳密に揃えられました。

ガイド線を活用する

　何もないまっさらなスライド上にオブジェクトを配置するより、基準となる線があったほうが揃えやすくなります。パワーポイントでは、スライド上にガイドとなる線を表示するための機能が用意されています。ガイドを有効にすると、上下左右に中心線が現れるので、配置作業の精度が上がり、かつ楽に作業できるようにもなります。

　なお、ガイドはスライドマスター上、レイアウト上、スライド上で別々に追加できます。スライドマスター上で追加したガイドは、レイアウトやスライド上では固定されます（見えるが動かせない状態）。スライド上でガイドを追加すると不用意に動かしてしまう場合があるため、全スライド共通のガイドを表示したい場合は、スライドマスター上で追加しましょう。

● ガイド線の表示・移動

1 ［表示］タブをクリックし❶、［ガイド］をクリックしてチェックを入れます❷。

2 スライドの天地左右の中央にガイドが表示されました。ガイドを移動したい場合は、ガイド線の上にマウスカーソルを移動します。

3 ポインターの形状が変わります。クリックしてドラッグするとガイド線の位置を変えられます。

4 移動中に表示される数値を参考に、任意の場所にガイドを移動します。この数値は中心からの距離を表しており、0.00がちょうど中心を意味します。

ガイド線を表示しても、標準では中心のガイド線しか表示されませんが、上下左右にそれぞれ追加
しておくと、スライド間で余白の量を一定にするためのめやすにできます。

◉ ガイド線の追加

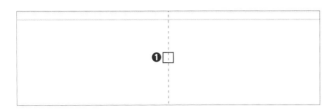

1 ガイド線の上にマウスカーソルを移動
し、ポインターの形状が変わったら右
クリックします❶。

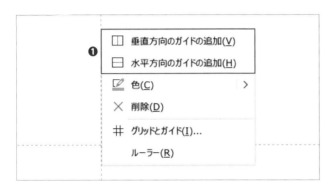

2 表示されたメニューで［垂直方向のガ
イドの追加］、または［水平方向のガ
イドの追加］をクリックします❶。

3 ガイド線が追加されますので、前の
ページの手順を参考にして移動しま
す。

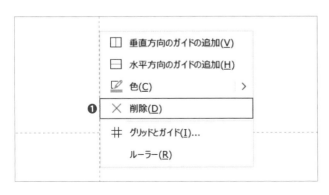

4 追加したガイド線を消去するには、消
去したいガイド線を右クリックして、
［削除］をクリックします❶。

オブジェクトの「近接」

TOPIC

「近接」とはそのまま、近づけることです。オブジェクト同士の距離は、関連性の強さを表し、適切な距離をとることで、情報は驚くほど整理されます。

オブジェクト同士の距離は、関連性の強さを表す

デザインにおける「近接」とは、関連性のあるものは近づけ、そうでないものは遠ざけることを意味します。オブジェクト同士の距離を適切にとることで関連の強さをはっきりさせ、わかりやすいスライドに仕上げられます。「整列」と並び、スライドデザインにおいて重要な原則に位置します。

Fig.3-05の **Before** はCHAPTER 3の01で、「整列」の原則を学んだときに出てきたスライドです。4つのテキストが等間隔に配置されていますので、距離による情報はありません。

After では、名前と肩書、サイト名とURLを近づけ、かつ2者の間に距離をとってみました。特別なことは何もしていませんが、ただ位置を調整するだけでお互いの関連性が明確になりました。

Fig.3-05 ▶ 距離を適切にとると、関連性が明確になる

関連するもの同士の距離を適切にとる

今度は、図とテキストの例を見てみましょう。

Fig.3-06の **Before** は色にキャプションを付けた例です。このような状態だと、キャプションが上下どちらの色のものなのかが全くわかりません。

After では、キャプションを上の色に近づけてみました。これで明確に「キャプションは上の色のものである」ということが示されました。

このように、関連の強さは距離によって認識されます。オブジェクト同士を近づけて関連性を示すことも大切ですが、関連性の低いものとある程度距離をおくことも、同じように重要になってきます。CHAPTER 1の03で示したような情報が詰め込まれすぎているスライドは、オブジェクト間の「大切な距離」が取れなくなるため、関連性があいまいになりがちです。わかりにくくなってしまう原因の1つは、この「距離」にあることがおわかりいただけるのではないでしょうか。

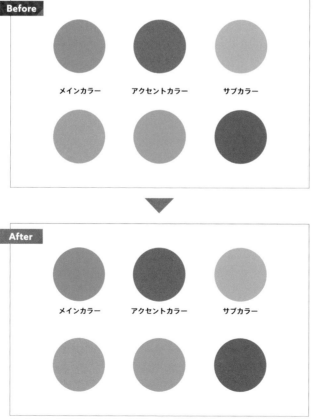

Fig.3-06 › 関連性の強さは、距離によって表される

情報の優先度と「コントラスト」

TOPIC　スライド1枚の中に記載される情報には、優先度があるはずです。「コントラスト」は、書き手が読み手に優先度を伝える最も重要な手段です。

情報の優先度について理解する

「コントラスト」の説明に入る前に、情報の優先度について理解しておきましょう。

新聞を例にとってみます。新聞の構成を大まかに分解すると、どの記事も❶タイトル、❷見出し、❸本文のようになっています。発行側は、「タイトル→見出し→本文」と読んでもらいたいはずですので、情報の優先度はタイトルが最も高く、本文が最も低いということになります。この意図を紙面に反映させるため、文字の大きさや色を工夫することで、情報の優先度を制御しています。これだけフォントサイズに差があれば、ほぼ間違いなく「タイトル→見出し→本文」の順で読んでもらえるでしょう。

この、本文に対する、タイトルや見出しのサイズの比率のことをジャンプ率といい、文字媒体である新聞や雑誌、ポスター、パンフレットなどを作るときに重視されます。ジャンプ率が大きくなるとコントラストが高くなり、逆に小さくなるとコントラストも低くなります。新聞は、ジャンプ率を大胆に大きくすることで、情報の優先度を明確にしているわけですね。

Fig.3-07 ▶ 新聞はジャンプ率で情報の優先度を制御している

📁 情報は大まかな内容から詳細へ

いきなり細かい内容から説明しても、人は理解できません。最初は大まかな内容を伝え、徐々に詳細へとかみ砕いていくことがわかりやすさにつながります。

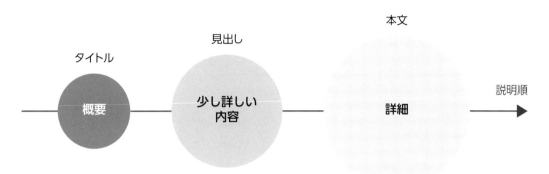

Fig.3-08 > 説明順と情報の優先度は一致する

新聞でもスライドでも、考え方は同じです。各々の役割を整理すると、下の表のようになります。

タイトルが情報の優先度としては最も高く、本文が最も低くなります。優先度が最も低いということは、「本文を読まなくても内容がわかる」ようになっていなければなりません。

たとえば、新聞は各ページのタイトルだけを読んでいけば、昨日起こった出来事を大雑把に把握できます。見出しにまで目を通せば、大体の出来事は理解できるでしょう。この「優先度の高い情報だけ拾っていけば、内容をおおむね把握できるように構成する」ことは読み手の理解を助けるために非常に重要です。

タイトル	そのスライドに何が書かれているかを、短くはっきりと伝えます。
見出し	本文のポイントをいくつかにまとめ、簡潔に伝えます。
本文	伝えたい内容の詳細を記載します。 パワーポイントでは書かない場合もあります。

この概念をスライドに応用するためには、次の2つのポイントを意識してください。

- 情報にきちんと優先度づけがされており、タイトル・見出しを一目で識別できること
- できる限りタイトルだけ、見出しだけで情報が完結していること

ジャンプ率によってコントラストをつける

　コントラストとは、簡単にいえば2つ、または複数のものの間の「差」のことです。ジャンプ率を高める、すなわち、一方のテキストのフォントサイズを大きくすると「差」が拡大するので、コントラストは「高く」なります。

　ジャンプ率が低いと、差があまり出ないため、コントラストが低くなります。これでは情報の優先度を制御できません。情報の優先度を制御するには、ある程度コントラストを高くする必要があります。

Fig.3-09 > ジャンプ率が小さく、コントラストも低い

Fig.3-10 > ジャンプ率が大きく、コントラストが高い

　スライドでの具体的な例を見てみましょう。

　下のFig.3-11のスライドは、「整列」「近接」の原則にのっとっているので、整理されていますし、オブジェクト同士の関連性も制御されていますが、決してわかりやすいスライドとはいえません。これは、情報に優先度がついていないためです。

Fig.3-11 > 情報に優先度がついていないスライド

Fig.3-12 > 情報に優先度を定める

そこで、Fig.3-12のように優先度を定め、コントラストによる情報の優先度づけを試みてみます。

フォントの色・大きさを変えることにより、優先度を明確にしてみました。**Before** に比べてはっきり読むべき順番がわかるようになったので、格段に理解しやすくなりましたね。コントラストは、微妙な差では威力を発揮しません。比較対象との差が明確になるよう、大胆にやることが大切です。

Fig.3-13 > コントラストを用いて、情報の優先度を表現したスライド

 写真のジャンプ率

写真にもジャンプ率の考え方があります。小さな画像と大きな画像の差を大きくする、すなわちジャンプ率を高くすることで、優先度を制御できます。また、写真を単に同じ大きさに並べるだけでは退屈な見た目になってしまいがちですが、ジャンプ率を高くすることでメリハリをつけ、印象的なデザインに変貌させられます。

コントラストの基本はフォントサイズ

　スライドにおいてコントラストを出す場合、最初に検討すべきはフォントサイズを調整することです。いきなり色を付けたり太字にしたりせず、文字の大きさで最大限調整を行います。

　Fig.3-14の **Before** は、すべて同じフォントサイズで構成したスライドです。当たり前ですが、読みにくいですね。そこで、タイトル、見出しがはっきりわかるよう、本文とのコントラストを上げてみます。

　After のようにフォントサイズを変更して、情報に優先順位をつけてみました。これだけですが、ずいぶん読みやすくなりました。

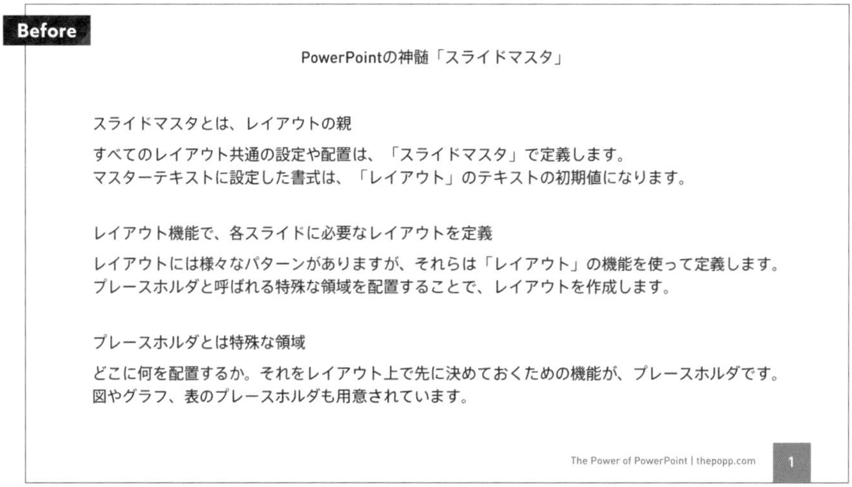

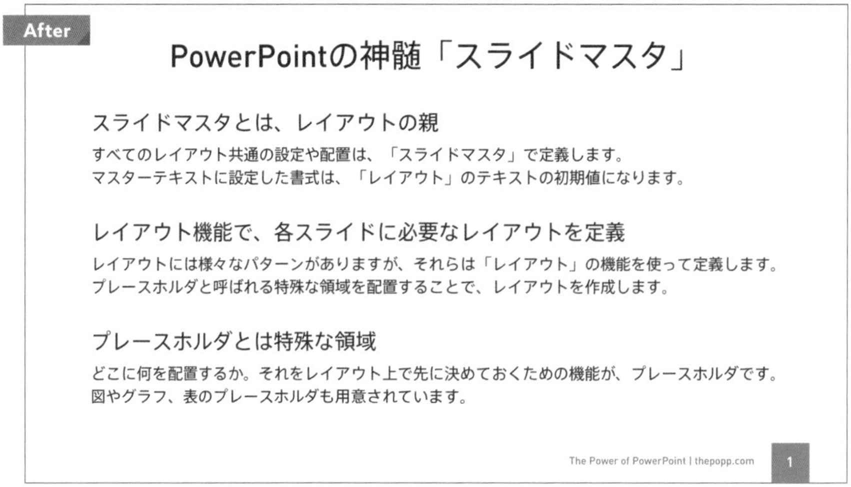

Before

PowerPointの神髄「スライドマスタ」

スライドマスタとは、レイアウトの親
すべてのレイアウト共通の設定や配置は、「スライドマスタ」で定義します。
マスターテキストに設定した書式は、「レイアウト」のテキストの初期値になります。

レイアウト機能で、各スライドに必要なレイアウトを定義
レイアウトには様々なパターンがありますが、それらは「レイアウト」の機能を使って定義します。
プレースホルダと呼ばれる特殊な領域を配置することで、レイアウトを作成します。

プレースホルダとは特殊な領域
どこに何を配置するか。それをレイアウト上で先に決めておくための機能が、プレースホルダです。
図やグラフ、表のプレースホルダも用意されています。

The Power of PowerPoint | thepopp.com　　1

After

PowerPointの神髄「スライドマスタ」

スライドマスタとは、レイアウトの親
すべてのレイアウト共通の設定や配置は、「スライドマスタ」で定義します。
マスターテキストに設定した書式は、「レイアウト」のテキストの初期値になります。

レイアウト機能で、各スライドに必要なレイアウトを定義
レイアウトには様々なパターンがありますが、それらは「レイアウト」の機能を使って定義します。
プレースホルダと呼ばれる特殊な領域を配置することで、レイアウトを作成します。

プレースホルダとは特殊な領域
どこに何を配置するか。それをレイアウト上で先に決めておくための機能が、プレースホルダです。
図やグラフ、表のプレースホルダも用意されています。

The Power of PowerPoint | thepopp.com　　1

Fig.3-14 ▶ フォントサイズを調整することでコントラストをつける

色やウェイトでコントラストをつける

　スライド内のスペースには限りがあるので、フォントサイズによるコントラストづけには限界があります。そこで次に、文字色、またはウェイトの調整を行います。Fig.3-14の **After** のスライドの見出しの色をメインカラーに変え、ウェイトを太くしてみました。前のスライドでは本文と見出しとの優先度が少し曖昧でしたが、色とウェイトを変えることで明確になりました。

After

PowerPointの神髄「スライドマスタ」

スライドマスタとは、レイアウトの親

すべてのレイアウト共通の設定や配置は、「スライドマスタ」で定義します。
マスターテキストに設定した書式は、「レイアウト」のテキストの初期値になります。

レイアウト機能で、各スライドに必要なレイアウトを定義

レイアウトには様々なパターンがありますが、それらは「レイアウト」の機能を使って定義します。
プレースホルダと呼ばれる特殊な領域を配置することで、レイアウトを作成します。

プレースホルダとは特殊な領域

どこに何を配置するか。それをレイアウト上で先に決めておくための機能が、プレースホルダです。
図やグラフ、表のプレースホルダも用意されています。

The Power of PowerPoint | thepopp.com 　1

Fig.3-15 › ウェイトと色でコントラストを強め、タイトル・見出し・本文の差を明確にする

テキストにコントラストをつけるときは、次の順番でやることをおすすめします。

1. フォントサイズによってジャンプ率を変えることでコントラストをつける
2. タイトルや見出しをテキストカラーに、それ以外をサブテキストカラーにしてみる
3. タイトルや見出しの色、またはフォントウェイトを変えてみる

　コントラスト付けはほかにもいろいろな方法がありますが、上の3つのステップで情報の優先度づけが成立していることが前提となります。逆に、このステップを踏んでも情報がうまく整理されない場合、情報量が多すぎる可能性があります。

　ちなみに、タイトルや見出しにアクセントカラーを使ってはいけません。

PowerPointの神髄「スライドマスタ」

スライドマスタとは、レイアウトの親

すべてのレイアウト共通の設定や配置は、「スライドマスタ」で定義します。
マスターテキストに設定した書式は、「レイアウト」のテキストの初期値になります。

レイアウト機能で、各スライドに必要なレイアウトを定義

レイアウトには様々なパターンがありますが、それらは「レイアウト」の機能を使って定義します。
プレースホルダと呼ばれる特殊な領域を配置することで、レイアウトを作成します。

プレースホルダとは特殊な領域

どこに何を配置するか、それをレイアウト上で先に決めておくための機能が、プレースホルダです。
図やグラフ、表のプレースホルダも用意されています。

The Power of PowerPoint | thepopp.com 　1

Fig.3-16 › アクセントカラーはタイトルや見出しには使わない

デザインを影で支配する「余白」

💡 **TOPIC**

余白はデザインの一部で、様々な役割を担っています。実は「整列」「近接」「コントラスト」の効果さえも、余白が陰で支えています。

「近接」を支える「余白」

　近接をおさらいすると、「関連性の高いものは近づけ、そうでないものは遠ざける」ということでした。ところがFig.3-18の例のように、近づけすぎると読みにくくなり、逆に遠ざけすぎるとバランスが悪く、全く関連のないものとして認識されてしまいます。

　これまで余白に注目することはあまりなかったかもしれません。しかし、余白のとり方一つで読みやすさやわかりやすさが変わってしまうことが、この例を通しておわかりいただけると思います。適切な余白をとることは、デザインにおいてとても重要です。

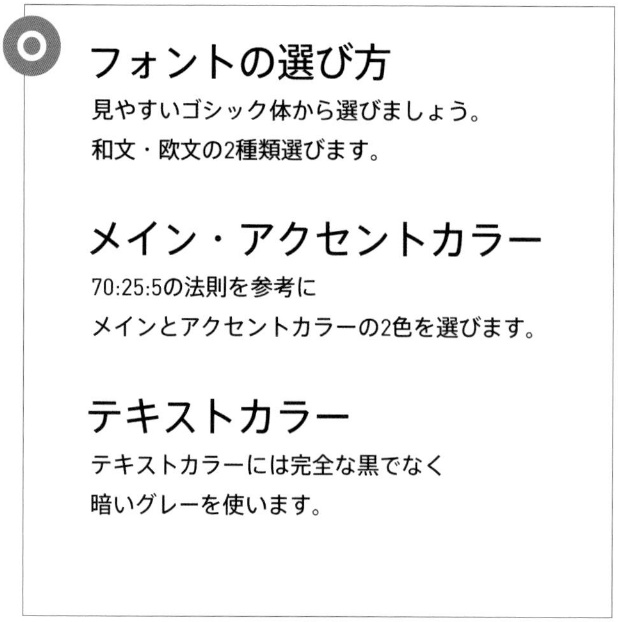

◎ ## フォントの選び方

見やすいゴシック体から選びましょう。
和文・欧文の2種類選びます。

メイン・アクセントカラー

70:25:5の法則を参考に
メインとアクセントカラーの2色を選びます。

テキストカラー

テキストカラーには完全な黒でなく
暗いグレーを使います。

Fig.3-17 > 余白が適切にとられ、読みやすい例

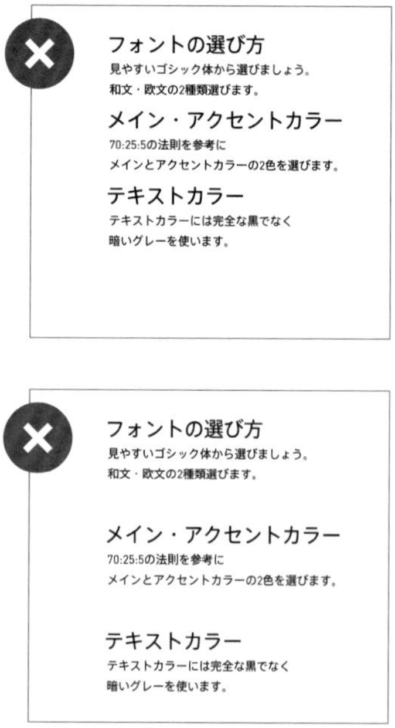

 フォントの選び方
見やすいゴシック体から選びましょう。
和文・欧文の2種類選びます。

メイン・アクセントカラー
70:25:5の法則を参考に
メインとアクセントカラーの2色を選びます。

テキストカラー
テキストカラーには完全な黒でなく
暗いグレーを使います。

 フォントの選び方
見やすいゴシック体から選びましょう。
和文・欧文の2種類選びます。

メイン・アクセントカラー
70:25:5の法則を参考に
メインとアクセントカラーの2色を選びます。

テキストカラー
テキストカラーには完全な黒でなく
暗いグレーを使います。

Fig.3-18 > 余白が適切でない例

🖿 見出しとテキストの間隔

　テキスト同士の距離は「狭すぎず、広すぎない」という適切な間隔にする必要があります。ただ、これは非常に抽象的であり、デザイナーではない人にとってはとてもわかりにくい感覚です。ここではより具体的・直観的に理解できるように解説してみます。

　見出しと本文との距離は、Fig.3-19のように行間と同じくらいか、それよりも若干広めにとるようにします。行間より狭くなってしまってはいけません。また、もし本文に「段落間隔」を設ける場合は、段落間の間隔より狭くならないよう気を付けましょう。

行間と同じくらい
または少し広め
行間

Fig.3-19 > 適切な見出しと本文の間隔

　各セクション同士の距離は、下のFig.3-20のように本文の「行の高さ」（文字の高さではありません）と同じくらいか、またはそれよりもわずかに広めにとります。あまり広くなりすぎると、全体としてのまとまりがなくなってしまいますので注意しましょう。

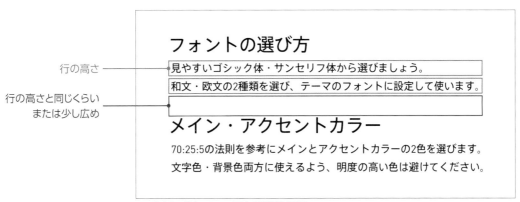

行の高さ
行の高さと同じくらい
または少し広め

Fig.3-20 > 各セクション同士の適切な間隔

　パワーポイントでスライドを作るとき、間隔をあける方法として空行を使う人がいますが、この方法はおすすめできません。プレースホルダー（P.129〜131参照）を分けるか、段落間の余白を変更して間隔調整を行いましょう。なお、段落間の余白についてはCHAPTER 4の02で詳しく説明します。

画像の周りには太い枠がある感覚でテキストを配置する

「近接」の原則から、画像に関連するテキストは近づける必要があります。しかし、あまりにテキストを近づけると逆に読みにくくなり、見た目も悪くなります。

Fig.3-21のスライドのように、画像にテキストを近づけすぎると窮屈な感じがします。見出しとテキストの場合と同じように、画像とテキストの周りにも適度な余白をとるようにしましょう。

画像の周りには、Fig.3-22のスライドのように太い枠があると思ってテキストを配置してみてください。画像の下にテキストを配置する場合も同じです。枠の太さは、本文の文字の1.5文字分くらいをめやすにするとよいでしょう。

反面、あまり余白を設けすぎると近接の効果が薄れ、関連性がわからなくなるので注意しましょう。

Tom Buckingham

2001年、カリフォルニア出身。
大学卒業後、モデル、俳優業を経て、映画
監督になる。自らも主演として登場する
初作品「The Secret Blue」が国際映画祭に
おいて審査員特別賞を受賞。

Fig.3-21 ▷ 画像とテキストが近すぎる

Tom Buckingham

2001年、カリフォルニア出身。
大学卒業後、モデル、俳優業を経て、映画
監督になる。自らも主演として登場する
初作品「The Secret Blue」が国際映画祭に
おいて審査員特別賞を受賞。

画像の周りには太い枠がある感覚でテキストを配置する

Fig.3-22 ▷ 画像は周囲に適切な余白をとる

枠の中の文字は、1文字分の余白をとる

　スライドを作成しているとき、図形や枠の中に文字を入れることがあります。この場合も、余白を適切にとることで、読みやすく、美しく仕上げられます。

　枠や図形内に複数行のテキストを配置するときは、Fig.3-24のように少なくとも上下左右に1文字分程度の余白をとるようにします。もしスペースの都合で余白を入れられない場合は、内容を削ったり、フォントサイズを少し小さくしたりしてでも余白を確保します。

余白とは、図や写真、テキストなどがのっていない、何もないスペースのことを指します。余白はレイアウトにおいて重要かつ様々な機能を持っています。

Fig.3-23 › 枠内に目いっぱいテキストを詰め込んだ例

余白とは、図や写真、テキストなどがのっていない、何もないスペースのことを指します。余白はレイアウトにおいて重要かつ様々な機能を持っています。

Fig.3-24 › 枠内に余白を設けた例

　1行の場合、Fig.3-26のように左右の余白を広めにとるとセンスよくまとまります。この場合、上下の余白は複数行の場合ほど広げる必要はありません。0.5文字分程度でも十分です。

余白をデザインすることはとても重要です

Fig.3-25 › 図形内に余白がない例

余白をデザインすることはとても重要です

Fig.3-26 › 上下左右に余白をとり、左右の余白を広めにとった例

パワーポイントで図形内の余白を扱うには、2つの方法があります。

1つ目は、Fig.3-27のように図形とテキストボックスを別々に配置する方法です。オブジェクトを分けておけば、柔軟性が高く、面倒な設定をしなくてすみます。グループ化を利用すれば扱いも楽にできるでしょう。

Fig.3-27 › 図形とテキストボックスを別々に配置

2つ目は、図形内の余白を調整する方法です。

図形の書式設定で、図形内の上下左右の余白を調整できます。毎回調整するのは手間がかかりますので、P.052で説明した「既定の図形」を活用しましょう。

◯ 図形内の余白を調整する

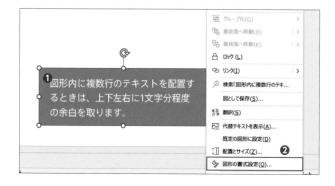

1 図形の上で右クリックして❶、[図形の書式設定] をクリックします❷。

2 [図形の書式設定] 作業ウィンドウが表示されるので、[サイズとプロパティ] をクリックし❶、[テキストボックス] をクリックして展開し❷、余白を数値で指定します❸。

余白は対称性を意識する

　スペースが余ってしまうと、何か入れたくなる気持ちが生まれます。特にパワーポイントでは、初期設定が箇条書きになっているため、情報量が少ないと「無駄な」余白が出てしまいがちです。このようなスペースを避けるために、余計な情報を入れたり、2枚のスライドを無理して統合したりするのはナンセンスです。わかりにくいスライドができる要因の1つにもなります。

　「無駄な」余白による不安定さを解消するには、対称性を意識します。余白を必ずしも対称にする必要はありませんが、「落ち着かせる」という観点からは、対称性が威力を発揮します。

　Fig.3-28の Before のスライドを元にタイトルと本文を上下中央に配置してみました。スライドが落ち着きを取り戻した上、センスよく仕上げられます。なお、タイトルはそのままに、本文だけ上下中央に配置しても、ある程度落ち着かせられます。

Fig.3-28 ▷ 上下左右の余白を対称にすると、全体を落ち着かせられる

デザインのルールと「反復」

TOPIC

「反復」とは繰り返すこと。デザインにおいては、一度決めたあらゆるルール
を最後まで守り通すことで、資料全体のまとまりや一貫性を生み出します。

ルールが守られていない場合に起こりがちな失敗

　下のスライドのように、スライドごとに微妙にタイトルの位置が変わったり、画像の大きさがまちま
ちで、スライドをめくるたびにずれて見えたりといった失敗はよく起こります。これはデザインセンス
がないからではなく、パワーポイントの機能を活かせていないから起こってしまう問題です。

Fig.3-29 ▷ 上の2段のスライドは一見同じように見えても、下のように重ねてみる
とたくさんの要素が異なる

スライド全体で同じルールを使う

デザインのルールを守り続けると、「反復」は次のような効果を発揮します。

- デザインの統一感を生み出し、スライド全体がまとまりのあるものに仕上がる
- デザイン・レイアウトの意味を読み手が理解し、わかりやすさにつながる

　パワーポイントの資料は、1枚で完結するものではなく、複数のスライドで構成されます。「反復」のルールを守ることで、全体の一貫性を保証し、統一感のあるまとまった資料を作れます。

　ただ、この一貫性を手動で維持するのは困難ですので、CHAPTER 2で述べたような準備がとても大切になってきます。さらに、スライドマスターを用いてレイアウトを作成する（CHAPTER 6の01参照）ことで、絶対的な一貫性を担保することも可能です。

　また、CHAPTER 1の02で「意味のあるレイアウト・デザイン」について述べましたが、「反復」は「デザインの意味」を読み手・聴衆に理解させる働きをします。

　読み手がルールを理解し始めると、スライドをよりスムーズに読めるようになってきます。「色のついている文字＝重要」という認識を最初に植えつけられれば、後で色のついた文字が出てきたときに、何の説明がなくとも「重要」だと勝手に理解してくれるようになります。

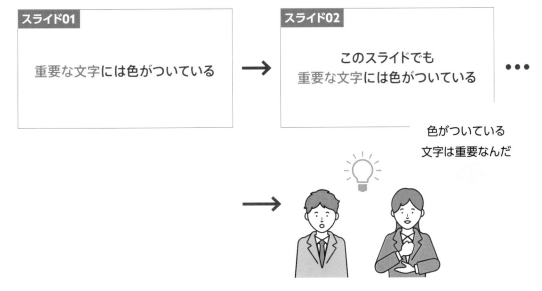

Fig.3-30 ▶ ルールがあるとわかりやすい

反復することが望ましい要素

　反復することが望まれる要素と、反復の実現をサポートしてくれる機能を合わせて、ざっと書き出してみました。聞きなれない用語がいくつか出てくるかもしれませんが、後の章で詳しく解説します。

　もちろん、内容によっては完全に同じにできない場合も少なくありませんが、できる限り「反復」のルールを守るよう努めてください。

反復が望まれる要素の例	反復を補助する機能
タイトル、フッター、コンテンツなどを配置する位置	スライドマスター
色の使い方のルール	スライドマスター、テーマの色
タイトルの装飾方法	スライドマスター、テーマのフォント
優先度のつけ方（見出しの強調方法など）	スライドマスター、レイアウト、テーマの色、テーマのフォント
同じようなレイアウトの場合、画像の位置と大きさ	レイアウト、図のプレースホルダー
本文テキストのサイズや色	テーマの色、マスターテキスト、テキストプレースホルダー
段落間や行間の余白	マスターテキスト、テキストプレースホルダー
スライド周囲の余白	スライドマスター、レイアウト
線の種類や太さ	既定の線、書式のコピー
図形の形状や色（角丸、長方形、円など）	既定の図形、書式のコピー

Fig.3-31 ▷ 自分で反復のルールを決め、最後まで守るよう心がける

テキストデザインの
セオリー

スライドではテキストを多く扱います。操作方法やデザインについて学び、自在に扱えるようになりましょう。

ウェイトとフォントサイズを
使いこなす

TOPIC ウェイトとフォントサイズは、「コントラスト」を出すために活躍します。この節では、ウェイトやフォントサイズの使い方を説明していきます。

フォントのウェイトと設定方法

CHAPTER 2の03で説明した通り、ウェイトとはフォントの太さのことです。フォントによって、用意されているウェイト数や呼び名、あるいは太さの具合は異なります。

下にGraphikとRobotoの例を示しました。レギュラーはRobotoが少し太め、ミディアムはほぼ同じように見えますが、ボールドは太さが全く違います。ウェイト名は太さの大体のめやすになりますが、実際どれくらいの太さになるかは、目で見て確かめるしかありません。

ウェイト	Graphik	Roboto
レギュラー	Regular	Regular
ミディアム	Medium	Medium
ボールド	**Bold**	**Bold**

さて、スライドデザインでは、フォントウェイトを「コントラスト」を出すために使用します。

Fig.4-01のように見出しと本文のフォントウェイトが同じ場合、コントラストが低いため見分けがつきにくいですが、Fig.4-02のように見出しを太くするとコントラストが高くなり、少し読みやすくなります。

フォントウェイト
フォントごとに用意されている
ウェイト数は異なる。

フォントウェイト
フォントごとに用意されている
ウェイト数は異なる。

Fig.4-01 ▷ 見出しと本文が同じウェイトの場合　　　Fig.4-02 ▷ 見出しが太いウェイトの場合

パワーポイントでフォントウェイトを扱うときは、少し注意が必要です。

Windowsのメモ帳では、Fig.4-03のようにスタイルを選ぶメニューがあるため、ウェイトを直観的に変えられます。しかし、パワーポイントはフォントを選ぶメニューしか用意されていません。

両者を比較すると、パワーポイントではフォントウェイトごとに別の項目として展開されていることがわかります。このようになっている場合は、単に使いたいウェイトを選ぶだけで大丈夫です。

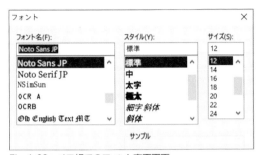

Fig.4-03 > メモ帳でのフォント変更画面

Fig.4-04 > パワーポイントでのフォント変更メニュー

ところが、たとえばRobotoのボールドフォントのように、確かにインストールされているにも関わらず、パワーポイントのフォント変更メニューに表示されない場合があります。

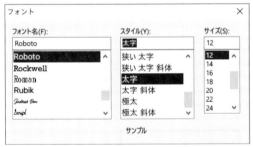

Fig.4-05 > メモ帳ではRobotoのBold（太字）が表示される

Fig.4-06 > パワーポイントではRobotoのBoldが表示されない

このようなときは、Fig.4-07のように、直接ウェイト名を入力します。どう入力すればよいかわからない場合は、フォントファイル（P.029参照）の上で右クリックし、[プロパティ] → [詳細] タブをクリックすると「タイトル」という項目があります。この「タイトル」に表示されている通りに入力します。

Fig.4-07 > ウェイト名を直接入力する

大きく太いフォントはアクセントで使用する

「太いフォントを使うと見やすくなる」と思っている人がいるかもしれませんが、太いフォントを多用してしまうと逆に読みにくくなります。

Windowsには「HGS創英角ゴシックUB」というフォントが標準で付属しており、パワーポイントのスライドでもしばしば使われるようです。Fig.4-08のスライドは、このフォントをすべてのテキストに適用したサンプルです。完全に悪いとはいい切れませんが、太いフォントは1文字の密度が高いため、全体の印象がどうしても複雑になりがちです。

Fig.4-09のスライドでは、見出しのみに太いウェイトを使用し、それ以外はレギュラーに変えてみました。コントラストが威力を発揮し、情報の優先度がはっきりわかるようになったため、格段に読みやすくなりました。このように、太いウェイトは多用せず、重要なポイントに絞ることを心がけましょう。

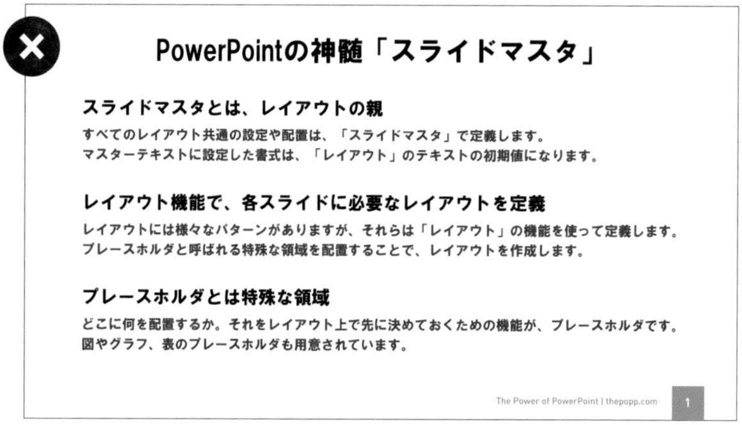

PowerPointの神髄「スライドマスタ」

スライドマスタとは、レイアウトの親
すべてのレイアウト共通の設定や配置は、「スライドマスタ」で定義します。
マスターテキストに設定した書式は、「レイアウト」のテキストの初期値になります。

レイアウト機能で、各スライドに必要なレイアウトを定義
レイアウトには様々なパターンがありますが、それらは「レイアウト」の機能を使って定義します。
プレースホルダと呼ばれる特殊な領域を配置することで、レイアウトを作成します。

プレースホルダとは特殊な領域
どこに何を配置するか。それをレイアウト上で先に決めておくための機能が、プレースホルダです。
図やグラフ、表のプレースホルダも用意されています。

The Power of PowerPoint | thepopp.com　1

Fig.4-08 ▶ すべてのテキストをHGS創英角ゴシックUBで記載したサンプル

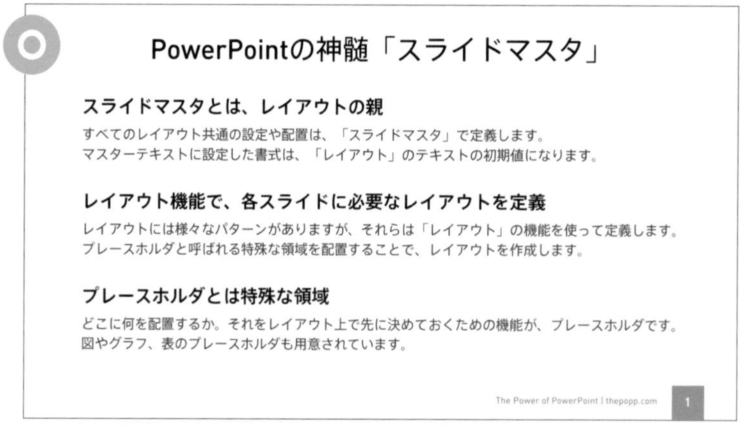

PowerPointの神髄「スライドマスタ」

スライドマスタとは、レイアウトの親
すべてのレイアウト共通の設定や配置は、「スライドマスタ」で定義します。
マスターテキストに設定した書式は、「レイアウト」のテキストの初期値になります。

レイアウト機能で、各スライドに必要なレイアウトを定義
レイアウトには様々なパターンがありますが、それらは「レイアウト」の機能を使って定義します。
プレースホルダと呼ばれる特殊な領域を配置することで、レイアウトを作成します。

プレースホルダとは特殊な領域
どこに何を配置するか。それをレイアウト上で先に決めておくための機能が、プレースホルダです。
図やグラフ、表のプレースホルダも用意されています。

The Power of PowerPoint | thepopp.com　1

Fig.4-09 ▶ 見出しのみ太いウェイトを使用したサンプル

本文のウェイトはレギュラーが基本

Fig.4-10のように、太いフォントは文字が小さくなるとつぶれて読みにくくなる傾向にあるため、本文に使うことは避けます。基本的に本文には、レギュラーウェイトを使用します。

スライドマスタとは、レイアウトの親
すべてのレイアウト共通の設定や配置は、「スライドマスタ」で定義します。
マスターテキストに設定した書式は、「レイアウト」のテキストの初期値になります。

Fig.4-10 ▶ 小さな文字を太くすると、読みにくくなる

スライドマスタとは、レイアウトの親
すべてのレイアウト共通の設定や配置は、「スライドマスタ」で定義します。
マスターテキストに設定した書式は、「レイアウト」のテキストの初期値になります。

Fig.4-11 ▶ 本文のフォントはレギュラーウェイトを基本にする

ただし、游ゴシックは他のフォントに比べると全体的に細く作られているため、下のFig.4-12の例のように、小さな文字に游ゴシックを使ってしまうと読みにくくなってしまいます。プロジェクターやクリアタイプの設定によっては、かすれて一部が消えてしまうかもしれません。

游ゴシックの見た目は美しいですが、フォントが全体的に細いというジレンマがあるため、使う場合はある程度文字サイズを大きくすることで可読性を維持します。どうしても小さな文字が必要な場合は、ミディアムやボールドウェイトを使うか、またはFig.4-13のようにBIZ UDPゴシックを使用するなど別のフォントを検討してください。

スライドマスタとは、レイアウトの親
すべてのレイアウト共通の設定や配置は、「スライドマスタ」で定義します。
マスターテキストに設定した書式は、「レイアウト」のテキストの初期値になります。

Fig.4-12 ▶ 游ゴシックのレギュラーウェイトは細いので、小さな文字には不向き

スライドマスタとは、レイアウトの親
すべてのレイアウト共通の設定や配置は、「スライドマスタ」で定義します。
マスターテキストに設定した書式は、「レイアウト」のテキストの初期値になります。

Fig.4-13 ▶ 小さな文字を使う場合は游ゴシックではなく、別のフォントを使うほうが安全

タイトル・見出し・本文の間での拡大率を一定にする

Fig.4-14のように、「本文−見出し」「見出し−タイトル」の拡大率をおおよそ一定にすると、全体のバランスがとれ、きれいに見えます。

タイトルはこれより少し大きくしても問題ありません。

Fig.4-14 ▷ 拡大率を一定にするとうまくまとまる。ジャンプ率にすると、1:1.33:1.83

Fig.4-15の例のように、拡大率が不均一の場合、全体のバランスが悪く見えてしまいます。また、文字の大きさが近づくとコントラストが低くなるため、情報の優先度があいまいになってきます。大体でよいので、本文・見出し・タイトルの間での拡大率が均一になるように調整しましょう。

CHAPTER 3の03でジャンプ率について述べましたが、パワーポイントのスライドでは「コントラストのためにジャンプ率をある程度大きくする」「拡大率を一定にする」の両者を満たすため、拡大率を1.3〜1.6程度にするのがよいでしょう。

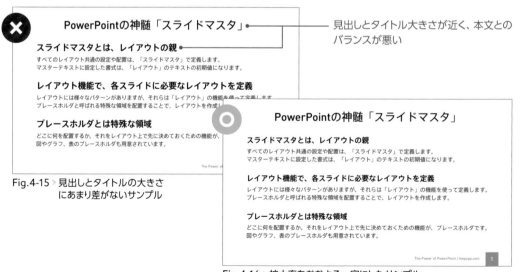

Fig.4-15 ▷ 見出しとタイトルの大きさにあまり差がないサンプル

見出しとタイトル大きさが近く、本文とのバランスが悪い

Fig.4-16 ▷ 拡大率をおおよそ一定にしたサンプル

スライドサイズとフォントサイズのめやす

フォントサイズを考えるときは、スライドのサイズを同時に考慮する必要があります。というのは、フォントサイズはスライドの大きさによって変わって見えるからです。よく「パワーポイントでおすすめのフォントサイズはxxポイント」というような提案を見かけますが、スライドの大きさを考慮しないで鵜呑みにすると、提案者の意図通りにはなりませんので注意が必要です。

Fig.4-17 〉 「幅: 33.867cm 高さ: 19.05cm」のスライドの場合(標準の「ワイド画面」のサイズ)

Fig.4-18 〉 「幅: 50.8cm 高さ: 28.57cm」のスライドの場合(本書でおすすめする、Full HD解像度のサイズ)

さて、以下に「拡大率を一定にする」「遠くからでも見えやすくする」の両方を考慮した、おすすめのフォントサイズをまとめました。これらの数値は、「幅: 50.8cm 高さ: 28.57cm」のスライドを想定しています。「ワイド画面」の場合は、サイズを1.5で割ります。

広い会場では、ある程度遠くからでも文字が見える必要がありますので、全体的に大きめのフォントサイズを適用します。フォントサイズが大きいので、スライドの余白を確保するために内容をシンプルにしたり、スライドを分けたりするなどの工夫が必要になります。会議室など一般的なビジネスシーンで利用する場合は、少し小さめのサイズを使用し、その分を大切な「余白」の確保に回します。

なお、事前にリハーサルが行える場合は、遠くからでも文字が見えやすいかどうかを自分の目で確かめておくことをおすすめします。

適用場所	広い会場	会議室など	資料
スライドタイトル	60pt	44pt	44pt
見出し	44pt	32pt	28pt
本文	32pt	24pt	18pt

02 改行・段落・行間を使いこなす

TOPIC
テキストには適度な余白が必要であることは前述しました。ここでは具体的に「段落」機能を使って、余白を調整する方法を見ていきます。

段落・行間の基礎知識

「段落・行間」は読みやすさの重要な要素であるにもかかわらず、しっかり理解できている人はそれほど多くありません。

パワーポイントでは、文字を入力中に Enter を押すと新しい段落が作られます。これはいってみれば「改段落」であり、行を改める「改行」ではないことに注意しましょう。同じ段落内で改行したい場合は、Shift + Enter を押します。

箇条書きの場合も考え方は同じです。箇条書きでは Enter を押すと新しいリストアイテムが作られますが、このリストアイテム1つにつき1つの段落が形成されます。Shift + Enter を押せば、行頭文字を作らずに、同一アイテム内で「改行」できます。

何気なく押している Enter ですが、Enter を押すたびに毎回「段落を作成している」という認識を持ってテキストを入力しましょう。

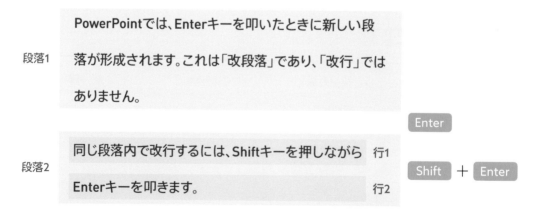

Fig.4-19 ▸ 段落の作成と改行

さて、パワーポイントでは「段落前後の余白」と「行の高さ」を調整できます。いわゆる「行間」を調整する設定は存在しません。

　下図のように、「行の高さ」を調整して相対的に「行間」を広げます。段落間の余白を調整するには「段落前」または「段落後」の余白を変更します。パワーポイントの初期設定のままだと詰まりすぎていたり、余白が十分でなかったりするので、これらの値は必ず編集するものだと認識しておきましょう。

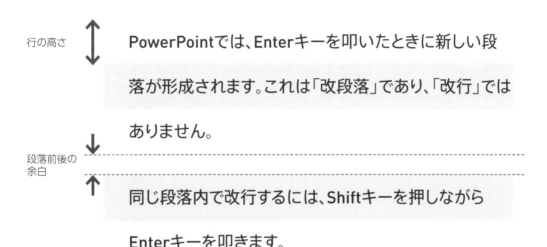

Fig.4-20 ＞ 行の高さと段落前後の余白

　なお、パワーポイントで段落の切り替わりをわかりやすくするためには、段落間に余白を設けるか、行頭文字を使うかのどちらかの方法を用います。段落頭に1文字スペースを入れる手法は用いません。

スペースは使わない

- 2000年に大学を卒業後、渡米。6年間ボストンでマクロ経済学について学ぶ。
- 帰国後、大手証券会社に就職。先進的なアイデアを武器に職務に励む傍ら、国政のアドバイザーとしても活躍する。

- 2000年に大学を卒業後、渡米。6年間ボストンでマクロ経済学について学ぶ。

- 帰国後、大手証券会社に就職。先進的なアイデアを武器に職務に励む傍ら、国政のアドバイザーとしても活躍する。

Fig.4-21 ＞ 段落の頭にスペースを用いた例

Fig.4-22 ＞ 段落の頭に行頭文字を入れ、段落間に余白を設けた例

段落間の余白と行の高さを調整する

段落間の余白の調整が必要になるのは、次の2つの場合です。

- 本文の行数が多くなる場合。具体的には5〜7行を超えるような場合
- 箇条書きのリストアイテム同士の間隔を調整する場合

プレゼンテーションで長い文章を書くことは避けるべきですが、報告書などの資料で長い文章を記載する場合は、Fig.4-24のように段落の間に余白を設けると圧倒的に読みやすくなります。ただし、空けすぎると逆に文章としてのまとまりを失ってしまいますので注意しましょう。

おれはその時その青黒く淀んだ室の中の堅い灰色の
自分の席にそわそわ立ったり座ったりしてゐた。
二人の男がその室の中に居た。一人はたしかに獣医
の有本でも一人はさまざまのやつらのもやもやした
区分キメラであった。
おれはどこかへ出て行かうと考へてゐるらしかった。
飛ぶんだぞ霧の中をきいっとふっとんでやるんだな
どと頭の奥で叫んでゐた。ところがその二人がしき
りに着物のはなしをした。

Fig.4-23 ▷ 段落間の余白がない場合

おれはその時その青黒く淀んだ室の中の堅い灰色の
自分の席にそわそわ立ったり座ったりしてゐた。

二人の男がその室の中に居た。一人はたしかに獣医
の有本でも一人はさまざまのやつらのもやもやした
区分キメラであった。

おれはどこかへ出て行かうと考へてゐるらしかった。
飛ぶんだぞ霧の中をきいっとふっとんでやるんだな
どと頭の奥で叫んでゐた。ところがその二人がしき
りに着物のはなしをした。

Fig.4-24 ▷ 段落間に余白を設けた場合

Fig.4-25とFig.4-26は、行間や段落間の余白をどれくらい空けるべきか示したものです。行間は文字の高さの0.5〜1倍くらい、段落間はちょうど文字の高さと同じになるくらいにするときれいに見えます。ただし、あくまでめやすなので、実際には目で見て丁度よい具合を確かめる必要があります。
なお、少ない行数で段落間に余白を設けると、逆にバランスがおかしくなります。

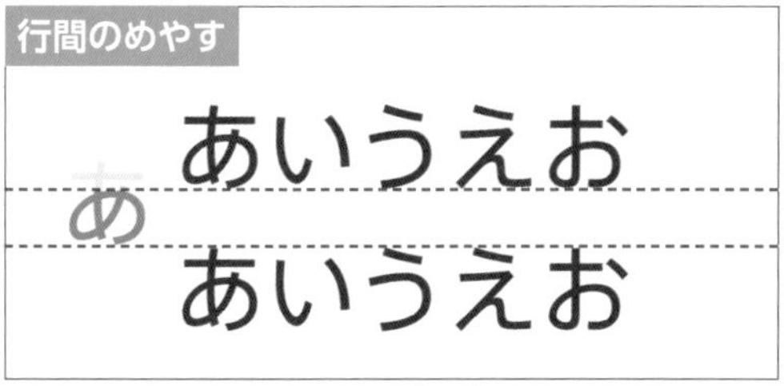

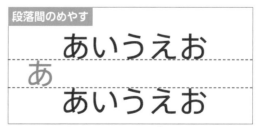

Fig.4-25 ▷ 行間のめやすは、文字の高さの0.5〜1倍くらい

Fig.4-26 ▷ 段落間のめやすは、ちょうど文字の高さと同じくらい

それでは、下の表を参考にして、実際に段落前後の余白と、行の高さを調整してみましょう。これらの値はフォントサイズなどに依存するので、一概に「この値」とはいい切れません。表示を確認しながら、適宜微調整を行ってください。

段落後	通常12pt〜18pt程度。フォントサイズの0.8倍くらいが適切。
行間（行の高さ）	「倍数」で「1.3」くらいがおすすめ。

● 段落前後の余白と行の高さの調整

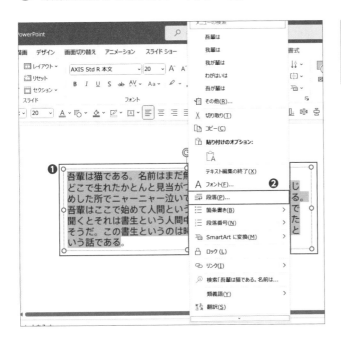

1 調整したいテキストをすべて選択し、その上で右クリックします❶。メニューが表示されるので、[段落] をクリックします❷。

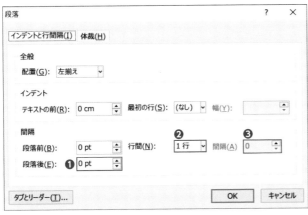

2 [段落] 画面が表示されるので、[間隔] 欄の [段落後] を調整します❶。また、[行間] は [倍数] に設定し❷、[間隔] を調整します❸。

テキストの強調を使いこなす

TOPIC

強調とは「コントラスト」を高くしてテキストを目立たせることです。ここでは、テキストを扱う上での注意点と、強調する方法について説明します。

全角と半角文字の使い方

英数字を入力するときは、必ず半角で入力します。全角英数字は「パソコン初心者」であるかのような印象を与えてしまいますし、「自動で欧文フォントが使われる」機能も働きません。

❌ フーリエ変換(Ｆｏｕｒｉｅｒ　Ｔｒａｎｓｆｏｒｍ)は、西暦１８１１年に……

Fig.4-27 > 英数字を全角で入力した例

また、テキストボックスなどに別のフォントを指定する場合は、「和文フォントを指定してから欧文フォントを指定する」という順番を守りましょう。なぜなら、和文フォントを適用すると、すべての文字のフォントが変更されますが、欧文フォントは半角英数字にしか適用されないからです。この性質を利用すれば、和文・欧文フォントを別々に設定できます。

| 「ヒラギノ角ゴシック+Roboto」が
適用されているテキスト | フーリエ変換(Fourier Transform)は
ヒラギノ角ゴシック　　　　　　Roboto |

↓

| 「新ゴ」フォントを適用すると
文字がすべて「新ゴ」になる | フーリエ変換(Fourier Transform)は
新ゴ　　　　　　　　新ゴ |

↓

| 「Gotham」フォントを適用すると
半角英数字のみが「Gotham」になる | フーリエ変換(Fourier Transform)は
新ゴ　　　　　　　　Gotham |

Fig.4-28 > 欧文フォントと和文フォントを別々に設定する方法。和文→欧文の順で適用する

使ってはいけない文字修飾機能

基本的に、テキストに対して行ってよい操作は、次の3つのみです。

- フォント・フォントウェイト変更
- フォントサイズの変更
- 色の変更

　影を付けたり、アンダーラインを引いたりといった装飾を行ってはいけません。ゆえに、Fig.4-29 に示すホームリボンにある「B・I・U・S」の機能は、ほぼ使うことのないボタンだと考えましょう。

　これらの機能を使うと、見た目があまりきれいになりません。太い字にしたいときは、[B] の [太字] を利用する代わりに、CHAPTER 4の01で説明した通り、ボールドウェイトをフォント一覧から選ぶことで変更します。パワーポイントのフォント一覧メニューに表示されない場合でも、「Roboto Bold」などと直接入力することで、そのウェイトがあれば変更できます。

　ボールドウェイトがないフォントで [B] を利用して太くすると、パワーポイントが疑似的に輪郭を太くしてくれますが、形状が美しくなりませんので、やむを得ない場合以外は絶対に使わないようにしましょう。

　このセオリーを踏まえた上で、「B・I・U・S」の機能を使う場合を下の表にまとめました。

Fig.4-29　ホームリボンにある、テキストを装飾するための「B・I・U・S」

B	太字にする	ボールドウェイトがインストールされているのに、フォント一覧に表示されない場合のみ使います。
I	斜体・イタリック体にする	欧文をイタリック体にするときのみ使います。
U	アンダーラインを引く	ハイパーリンクにのみ使います。
S	影を落とす	使いません。

メインカラー・アクセントカラーで強調する

　テキストを強調する場合、まず考えるのが色の変更です。特に、本文のような小さな文字を強調する場合は、色の変更以外の方法はおすすめしません。

　メインカラーによる強調は、次のような場面でよく使います。

- タイトルや見出しのテキスト色
- 本文中に（少し）強調したいテキストやキーワード

　少し長い文章を書く場合は、重要な部分やキーワードにメインカラーを付けて強調するとわかりやすくなります。メインカラーによる強調効果はそれほど高くないため、積極的に使って問題ありません（ただし、P.041で述べた70:25:5の法則を頭の片隅に置いておきましょう）。メインカラーによる強調具合を強めたい場合は、フォントサイズやウェイトなど、ほかの強調効果を組み合わせます。

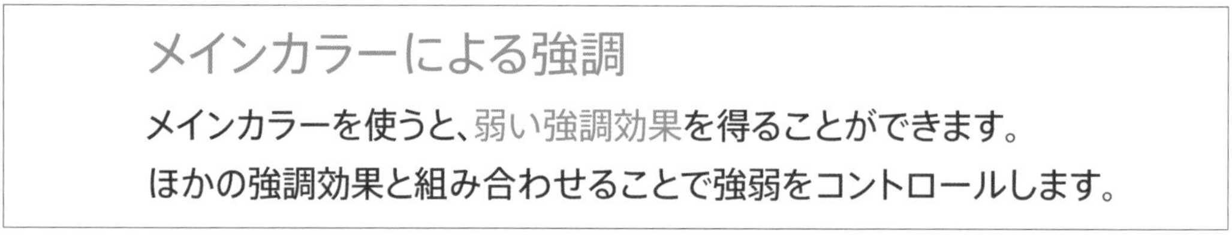

メインカラーによる強調

メインカラーを使うと、弱い強調効果を得ることができます。
ほかの強調効果と組み合わせることで強弱をコントロールします。

Fig.4-30 ＞ メインカラーによる強調効果はそれほど高くない

　一方、アクセントカラーはその強調具合がとても強いため、スライド内で特に注目して欲しい部分のみに使うようにします。スライド内で1か所のみにしか使わないことが理想ですが、多くても3か所くらいにとどめておきましょう。そうでなければ、今度は逆に何が重要かわからなくなってきます。

　なお、アクセントカラーをタイトルや見出しに使用することはありません。

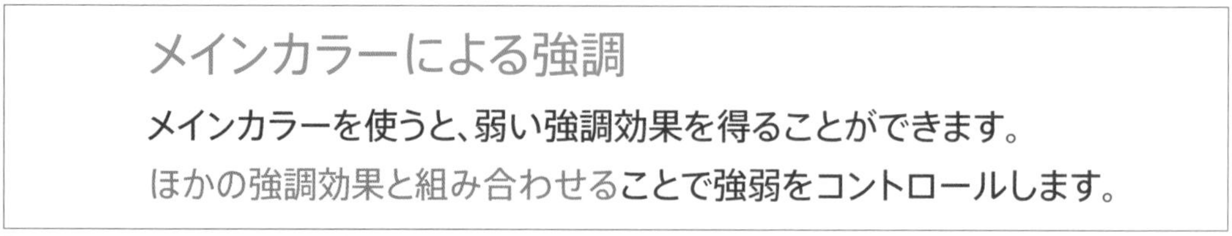

メインカラーによる強調

メインカラーを使うと、弱い強調効果を得ることができます。
ほかの強調効果と組み合わせることで強弱をコントロールします。

Fig.4-31 ＞ アクセントカラーによる強調はとても目立つ

文字を太くして強調する

文字がある程度以上の大きさの場合は、文字を太くすることで強調できます。P.093で述べたように [B] の機能は使用せず、直接BoldやHeavyなど太いウェイトを指定して変更します。

文字を太くすることで強調します。
ある程度フォントサイズが大きい場合に有効です。

Fig.4-32 ▷ 文字を太くすることによる強調

Boldフォントが活躍する場は、スライドタイトルや見出し以外に、大きく2つあります。

短い文章中であれば、Fig.4-33のようにBoldフォントを用いた部分的なテキストの強調が有効です。ただし、単にBoldにするだけでは強調効果が小さすぎるので、少しフォントサイズを大きくしたり、メインカラーにしたりすることで強調具合を調整します。

今年度の売り上げは、**前年度の2.8倍**に達した。

Fig.4-33 ▷ Boldによる強調と、フォントサイズを大きくすることによる強調を組み合わせた例

太く大きなフォントを使うと、Fig.4-34のようにかなり強力な強調効果を得られます。キャッチフレーズやスローガンなどをインパクトを込めて伝えたい場合などに便利です。ただし、使いすぎると効力を発揮できなくなるので、多用は避けましょう。

Fig.4-34 ▷ 太く大きなフォントで、インパクトを与える

フォントサイズで強調する

フォントサイズを大きくすることでテキストを強調できます。

ただし、文中で使用するのはバランスをとるのが難しいので、あまり使わないほうがよいかもしれません。また、サイズの差をある程度大きくしないとコントラストが出ないため、強調効果を得られなくなります。

> ## フォントサイズを大きくすることで強調します。
> ### 少し大きくするだけでは強調効果を得られません。

Fig.4-35 > フォントサイズを大きくすることによる強調。使える場面は限定的

フォントサイズを大きくすることによる強調は、スライドタイトルや見出しに使うことを優先します。見出しがいくつかあるスライドの中で、さらにフォントサイズを変更して別の箇所を強調しようとすると、どちらの優先度が高いかわからなくなってしまいます。したがって、この強調方法は、見出しが少ないスライドでのみ使えます。

ほかにあまり大きなテキストがない状態では、フォントサイズを大きくすることによる強調も効果を発揮します。Fig.4-36ではBoldを併用していますが、アクセントカラーを使っても効果的です。

なお、強調効果の重ね掛けは、3つまでが限度で、基本的には2つまでにおさえるようにしましょう。たとえば、「フォントサイズ+Boldフォント」「フォントサイズ+メインカラー」などです。

本年度の売り上げ報告

今年度の売り上げは、**前年度の2.8倍**に達した。

急成長を遂げたカギは、教育制度改革

2016年に開始された教育制度改革が花を開いた結果となった。
有能な「店長候補」を育てることが、会社の成長に直結していることがわかる。

Fig.4-36 > Boldとフォントサイズによる強調を施したスライドサンプル

強調具合のめやす

Fig.4-37は、色・フォントサイズ・フォントウェイトの組み合わせによる強調具合のめやすです。

Fig.4-37 ▷ 様々な効果による強調具合のめやす

　使うフォントや選定した色など様々な要因によって強調具合は変化しますので、あくまで参考程度に考えてください。なお、強調の方法は、上の中から数種類を選び、ルールを決めて使うようにします（CHAPTER 3の05の「反復の原則」に従います）。

　たとえば下の表のように、3～5種類程度に絞って使うとまとめやすくなります。

最も強い	タイトル	メインカラー+フォントサイズ（大）
↑	見出し	メインカラー+フォントサイズ（中）+ Bold
↓	本文の部分的な強調	アクセントカラー
最も弱い	本文	サブテキストカラー

図形を利用して強調する

枠線や長方形、円などの中にテキストを配置することにより強調する手法です。特に目立たせたいポイントや、注目してほしいテキストに対して使いますが、文中では使えません。

図形を用いた強調方法は、図形の形状によって大きく次の4種類が存在します。

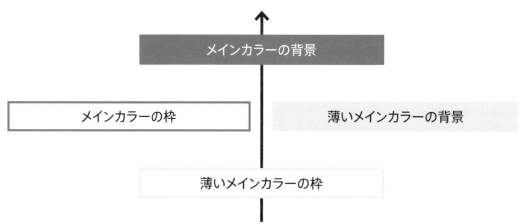

メインカラーの背景

メインカラーの枠　　　　　　　　薄いメインカラーの背景

薄いメインカラーの枠

Fig.4-38 ▷ 図形による強調具合のめやす

色をメインカラーではなくアクセントカラーにすることで、さらに強い強調効果を得られます。ただし、かなり強く強調されるので、ポイントを絞って使うよう心がけてください。

なお、Fig.4-39のような、背景色・枠の両方を使うような図形はおすすめしません。使い方によってはきれいに見せることもできますが、初心者は背景色・枠のどちらかだけを使った方がセンスよくまとめられます。また、Fig.4-40のように図形に影を落としたり、光彩をつけたりするような「図形の効果」もできる限り使わないようにしましょう。

背景色と枠を両方使用　　　　　　　　　影を落とした図形

Fig.4-39 ▷ 背景色と枠を両方使うことは避ける　　　Fig.4-40 ▷ 影や光彩などの効果の使用は控える

箇条書きのセオリー

パワーポイントで最もよく使われる箇条書き。少し調整するだけで、驚くほど見やすく、わかりやすく変貌します。

01 箇条書きを理解する

> **TOPIC** 箇条書きはパワーポイントで最もよく使われているスタイルですが、なかなか思い通りに調整できません。まずは基礎を学んでいきましょう。

レベルの操作方法

箇条書きの階層の深さのことを「レベル」といいます。

第1レベルが最も高いレベルで、階層を下げるごとに第2、第3とレベルも下がっていきます。

※ここに本来「第1レベル・第2レベル・第3レベル」の図が入る

Fig.5-01 > 箇条書きの階層をレベルという

Fig.5-02のように、レベルを下げるには Tab を使います。Tab を1回押すごとに1レベル下がります。レベルを上げるには、Shift を押しながら Tab を押します。

パワーポイントの［ホーム］タブの［段落］欄の中には［インデントを増やす］、［インデントを減らす］というボタンがあり、これらをクリックしてもレベルの上げ下げを行えます。ただ、レベルの操作はボタンをクリックするよりキーボードを使った方が早く、便利です。

Tab でレベルが下がる

Fig.5-02 > レベルを下げる方法

Shift + Tab でレベルが上がる

Fig.5-03 > レベルを上げる方法

リストアイテムの追加と改行の違い

CHAPTER 4の02の段落の説明で少し触れましたが、箇条書きはリストアイテム1つにつき1つの段落を形成します。箇条書き中に`Enter`を押すと新しい段落が作られ、同時に新しいリストアイテムができ上がります。同じリストアイテム内、すなわち同じ段落内で改行する場合は`Shift`+`Enter`を押します。

```
● リストアイテム1 ──────        Enter  新しくリストアイテムを追加

● リストアイテム2 - 1行目 ──     Shift + Enter  同じリストアイテム内で改行
  リストアイテム2 - 2行目 ──     Shift + Enter  同じリストアイテム内で改行
  リストアイテム2 - 3行目 ──
                               Enter  新しくリストアイテムを追加
● リストアイテム3 ──────
```

Fig.5-04 › リストアイテムを追加する方法と、同じアイテム内で改行する方法

`Tab`	レベルを1つ下げる
`Shift` + `Tab`	レベルを1つ上げる
`Enter`	新しくリストアイテムを形成する
`Shift` + `Enter`	同じリストアイテム内で改行する

MEMO **背面にあって、選択しにくいオブジェクトを選択する方法**

オブジェクトが複数重なると、背面にあるものが選択しづらくなってきます。このような場合は、[ホーム] タブの [編集] 欄にある [選択] をクリックして、[オブジェクトの選択と表示] をクリックして表示される [選択] 作業ウィンドウを使うと便利です。スライドのオブジェクトが一覧表示されるので、選択したいオブジェクトをクリックすると、スライド上で選択状態にできます。また、右にある目のアイコンをクリックすると、一時的にオブジェクトを非表示にもできます。

選択　　　　　　　　　　∨　✕
[すべて表示] [すべて非表示]　　　　∧　∨

直線コネクタ 15
正方形/長方形 76
テキスト プレースホルダー 12
テキスト プレースホルダー 12
正方形/長方形 73
テキスト プレースホルダー 12
テキスト プレースホルダー 12
テキスト ボックス 70
テキスト ボックス 69

箇条書きの書式は、スライドマスターが決めている

　パワーポイントで新規のプレゼンテーションを作成すると、箇条書きはFig.5-05のような見た目になっています。このスライド上で、行頭文字を変えたり、行間を調整したりといった書式の変更を行ったとしても、新しくスライドを作成した場合、また改めて書式を調整しなおさなければなりません。これはとても非効率的な作業です。

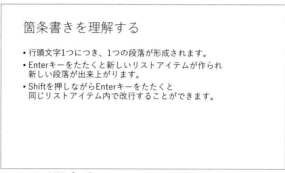

Fig.5-05 › 新規プレゼンテーションにおける箇条書きの見た目

　そこで、各スライドの箇条書きごとに手作業で書式を修正するのではなく、プレゼンテーション全体で箇条書きのスタイルを決めているスライドマスターの「マスターテキスト」を修正します。マスターテキストの書式を修正すると、スライド内すべての箇条書きの書式が変わります。

Fig.5-06 › プレゼンテーション全体の箇条書きの書式は、マスターテキストが決めている

書式の優先度を理解する

パワーポイントにおいて、書式はFig.5-07の順番で適用されます。

たとえば、スライドマスター上でテキストを青くすると、スライド上でも青くなります。もちろん、スライド上で青いテキストをほかの色に変更できますので、スライド上の書式のほうがスライドマスターの書式よりも優先されることがわかります。実際には、スライドマスターとスライドの間に「レイアウト」という機能があります。レイアウトで青いテキストを赤にすると、スライドマスターの書式は無視され、スライド上でのテキストは赤くなります。

Fig.5-07 ＞ 書式設定の優先度。右に行くほど優先度が高くなる

Fig.5-08は、テキストの書式が反映される過程を模式的に示したものです。「スライド1」「スライド2」では「レイアウトA」に対して書式の変更がありませんので、スライドマスターの書式が反映されます。しかし、「スライド3」「スライド4」では、「レイアウトB」に対して書式の変更が加わっていますので、スライドマスターの色は無視され、「レイアウトB」の書式が反映されます。

なお、書式は色・フォントサイズ・段落など各々の項目ごとに独立しています。「レイアウトB」ではテキストの色を変更しただけですので、そのほかはスライドマスターの書式が反映されます。

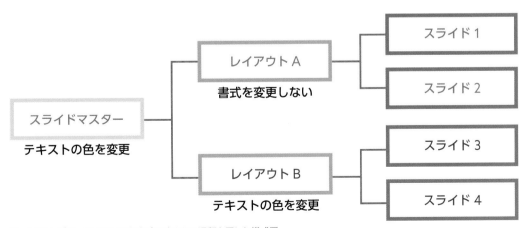

Fig.5-08 ＞ パワーポイントで書式が反映される過程を示した模式図

CHAPTER 5 ＞

箇条書きのセオリー

CHAPTER 5

02 箇条書きを見やすく調整する

TOPIC

箇条書きは、初期設定のままだと読みにくく、見た目もよくありません。スライドデザインのセオリーに則って調整し、見やすく仕上げてみましょう。

リストの余白と行間を調整する

CHAPTER 2でスライドサイズ、テーマのフォント・色を変更して準備ができていることを前提とします。この場合Fig.5-10のように、少なくともフォントは設定通り変わっているように見えるはずです。

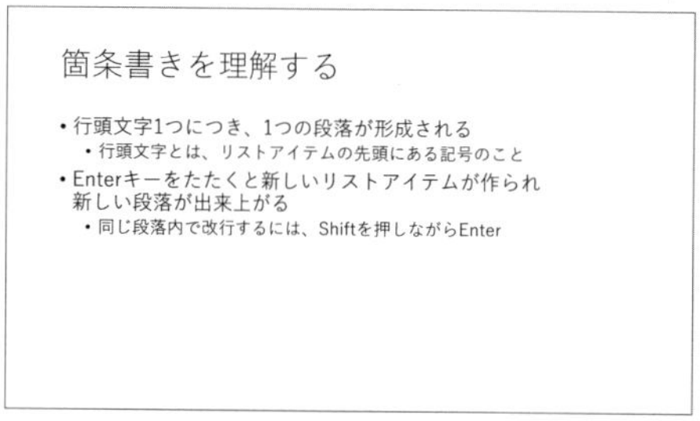

Fig.5-09 > 初期設定状態

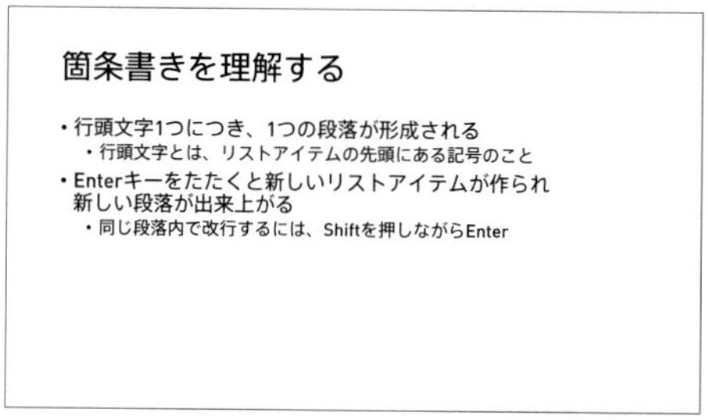

Fig.5-10 > テーマのフォント・色などの準備ができている

さて、まず気になるのはテキストの密度です。特に行間が狭いため、非常に読みにくく感じます。

CHAPTER 4の02で行った「段落間の余白」と「行の高さ」を調整することで見やすくしてみましょう。ただし、箇条書きの見た目はすべてのスライドで共通にすべきですので、スライドそのものを調整するのではなく、スライドマスターに対して修正を行います。

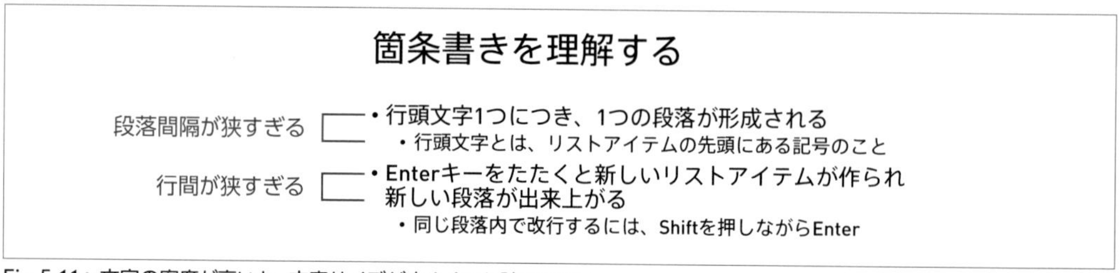

Fig.5-11 > 文字の密度が高いと、文字サイズが大きくても読みにくい

● 箇条書きの行間の調整

1 [表示] タブをクリックして❶、[スライドマスター] をクリックします❷。

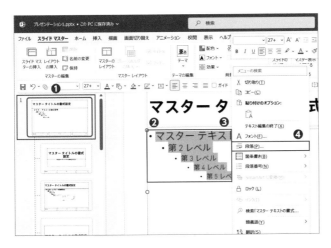

2 左ペインの一番上にある、スライドマスターをクリックし❶、スライドの箇条書きの全てのレベルを選択して❷、右クリックし❸、[段落] をクリックします❹。

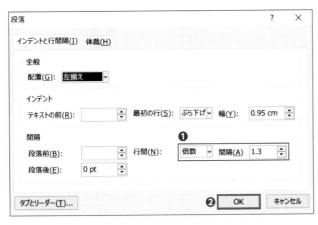

3 [間隔] 欄の [行間] を [倍数]、[間隔]を1.2 〜 1.4程度に設定し❶、[OK] をクリックします❷。ここでは1.3に設定しました。

箇条書きを理解する

- 行頭文字1つにつき、1つの段落が形成される
  - 行頭文字とは、リストアイテムの先頭にある記号のこと
- Enterキーをたたくと新しいリストアイテムが作られ
  新しい段落が出来上がる
  - 同じ段落内で改行するには、Shiftを押しながらEnter

4 行間が変更されました。詰まった感じが解消され、少し読みやすくなりました。

今度は「近接」の原則を意識し、ブロックごとのまとまりがわかるようにしてみましょう。

◉ 箇条書きの段落の調整

1 スライドマスターで、マスターテキストの第1レベルのみを選択します❶。

2 右クリックし❶、[段落] をクリックします❷。

3 [間隔] 欄の [段落前] の値を設定します❶。数値はフォントサイズの0.8倍くらいをめやすにします。ここでは、フォントサイズが42ptでしたので、少し広めの36ptとし、[OK] をクリックします❷。

4 余白を調整しました。全体的に読みやすさが向上しましたが、まだ改善の余地があります。次のページからの設定で第1レベルと第2レベルの差をわかりやすくしましょう。

コントラストをつけて、レベルの区別をはっきりさせる

　次は、「第1レベル」と「第2レベル」の差がわかりにくい点に注目してみます。これは、コントラストがついていないため、2者の区別がつきにくくなっていることが1つの原因です。

　そこでまず、Fig.5-12のようにマスターテキストの第2レベルのフォントサイズを一回り小さくします。次に、第2レベル以降のすべての文字を、サブテキストカラーに変更します。

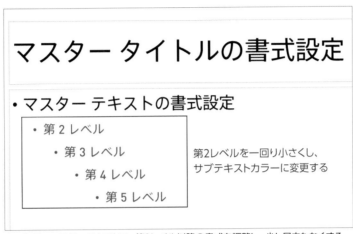

Fig.5-12 ＞ マスターテキストで、第2レベル以降の書式を調整し、少し目立たなくする

　すると、Fig.5-13のスライドのように、第1レベルと第2レベルの差が以前よりはっきりわかるようになりました。情報の優先度が整理され、どこが重要なのかが一目で認識できます。

```
箇条書きを理解する

・行頭文字1つにつき、1つの段落が形成される
   ・行頭文字とは、リストアイテムの先頭にある記号のこと

・Enterキーをたたくと新しいリストアイテムが作られ
 新しい段落が出来上がる
   ・同じ段落内で改行するには、Shiftを押しながらEnter
```

Fig.5-13 ＞ 文字の大きさと色によって、情報の優先度が整理された

行頭文字を変更・調整する

　今度は、箇条書きの行頭文字を修正してみましょう。初期設定では小さな丸になっています。レベルごとに行頭文字を変えることもできますが、各レベルでバラバラな記号を使うとデザインが統一されませんので、今回は思い切ってすべて●にしてみました。

◎ 箇条書きの行頭文字の変更

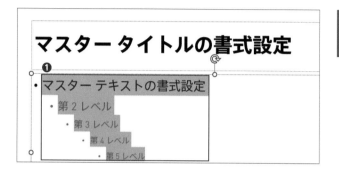

1 スライドマスターのマスターテキストにおいて箇条書きの全てのレベルを選択します❶。

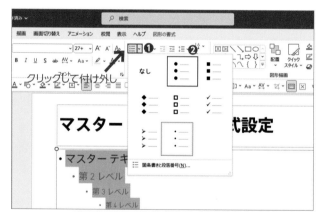

2 ▤ [箇条書き] の右の ▾ をクリックして❶、上の [塗りつぶし丸の行頭文字] をクリックします❷。
なお、▤ をクリックすると、行頭文字の付け外しができます。

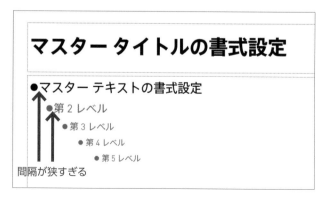

3 行頭文字が変わりました。次は行頭文字とテキストの間隔が詰まっているので、調整しましょう。

行頭文字とテキストの間隔は、半文字〜1文字分くらいにするときれいに見えます。行頭文字とテキストの間隔は、[段落] メニューのインデントとぶら下げというパラメータを調整することで変えられるのですが、直観的ではないのでおすすめできません。そこで、ルーラーという機能を使って調整します。

◉ ルーラーを使った行頭文字とテキストの間隔調整

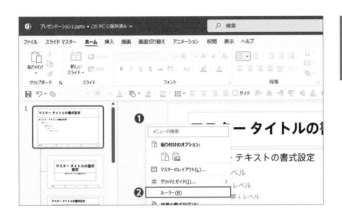

1 スライドマスターで、スライド外の任意の場所で右クリックし❶、表示されたメニューで [ルーラー] をクリックします❷。

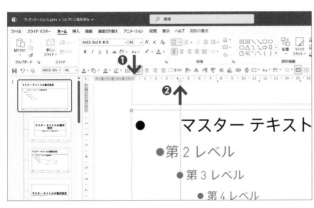

2 上と左に目盛り線が表示されます。第1レベルを選択すると、上のルーラーにハンドルが2つ表示されます。上のハンドルをドラッグすると❶、選択されているレベル全体を左右に移動できます。
下のハンドルをドラッグすると❷、行頭文字はそのままで、テキストのみを左右に移動できます。

箇条書きを理解する

- 行頭文字1つにつき、1つの段落が形成される
  - 行頭文字とは、リストアイテムの先頭にある記号のこと

- Enterキーをたたくと新しいリストアイテムが作られ新しい段落が出来上がる
  - 同じ段落内で改行するには、Shiftを押しながらEnter

3 ルーラーを利用して、行頭文字とテキストの間隔を調整した結果です。丸が大きくなったことにより、レベルの位置がはっきりとわかるようになりました。

加えて、行頭文字の色を変えておきましょう。これは必須ではありませんが、第1レベルの行頭文字をメインカラーにすると、箇条書きがより見やすくなります。

● 行頭文字の色の変更

1 スライドマスターで、行頭文字を変更したいレベルを選択し❶、[箇条書き] の右の▾をクリックします❷。

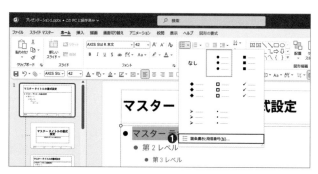

2 [箇条書きと段落番号] をクリックします❶。

3 [色] をクリックして❶、メインカラーを選択します。
なお、[図] をクリックすると、行頭文字に画像を指定したり、[ユーザー設定] から一覧にない記号を選択したりもできます。

最終的に、 **Before** のようだったスライドは **After** のように変わりました。両者を比較するとずいぶんと見た目がよくなり、読みやすさも向上しました。ただ、ここまでに説明してきた内容と照らし合わせると、まだまだ改善する余地が残っています。

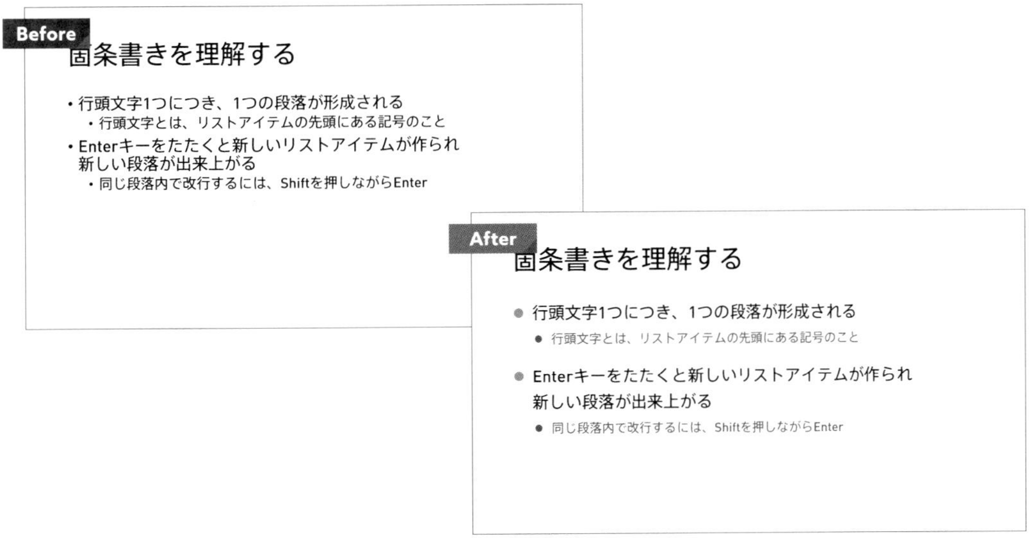

Fig5-14 ﹥ 調整前と調整後の箇条書きスライド

たとえば、「フォントの拡大率を一定にする」「余白は対称性を意識する」などを適用すると、下のFig.5-15のようになります。全体的な調整に関しては改めてCHAPTER 6で解説しますが、普段使っている箇条書きスライドも、少し手を入れるだけで見違えるほどセンスよく、見やすくまとめられることがおわかりいただけると思います。

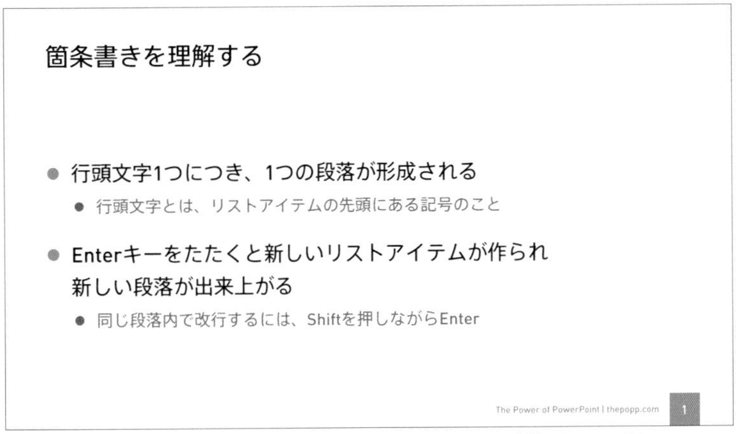

Fig5-15 ﹥ 調整後のスライドに、これまで学習した知識でさらに改善したスライド

CHAPTER 5
03 箇条書きスライドの注意点

TOPIC　箇条書きスライドは便利な反面、適度なルールがないと、すぐにわかりにくくなってしまいます。ここでは、使用にあたっての注意点を説明します。

箇条書きは、第2レベルの使用までにとどめる

　箇条書きスライドは、えてして文字ばかりのスライドになりがちです。なるべくわかりやすくまとめるためには、内容を入力する際に適度な制限を設けることが大切です。

　レベルが深くなると、何がどう関係しているのか認識しにくくなるので、箇条書きは第2レベルまでの使用にとどめましょう。どうしても第3レベルが必要なときは、Fig.5-16のような方法で注釈として別途記載するなどして工夫します。第3レベルが必要になるときは、たいていの場合スライドの分け方やレイアウト方法が間違っていると考えてください。

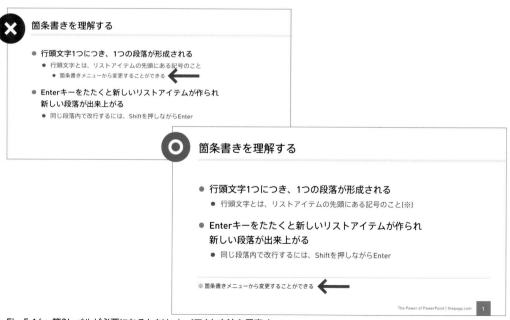

Fig.5-16 > 第3レベルが必要になるときは、レイアウト方法を見直す

第1レベルは、1スライドに3つまでを基本とする

第1レベルは多くても3つまでにしましょう。たとえ説明するポイントが5つあったとしても、一度に理解することはできません。Fig.5-17のスライドには、第1レベルが4つ含まれています。スライドがテキストで埋め尽くされ、読み手の気が滅入ってしまいます。

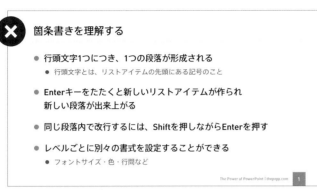

Fig.5-17 > 第1レベルが4つ含まれるスライド

4つ以上になってしまうときは、下のFig.5-18のようにスライドを分割することを検討しましょう。「[1/2]」などとタイトルに記載すれば、連続しているスライドであることを明示することもできます。

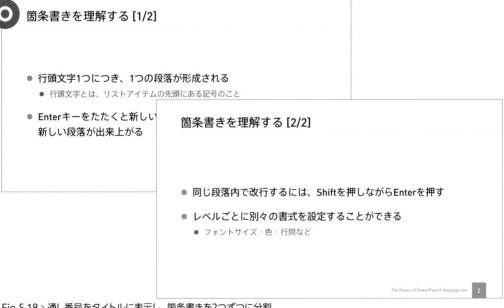

Fig.5-18 > 通し番号をタイトルに表示し、箇条書きを2つずつに分割

同じレベル間では、文末の言い方を揃える

　同じレベル同士の間で、文章と体言止めを混在させることは避けましょう。文章にするならする、体言止めにするならするで統一します。

　Fig.5-19のスライドでは、文章と体言止めが混在してしまっていますので、どちらか一方に揃えましょう。文字数を少なくするために体言止めを推奨する人もいますが、無理して意味をわかりにくくするより、きちんと文章にした方がわかりやすい場合もあります。統一されていれば、どちらでも問題ありません。

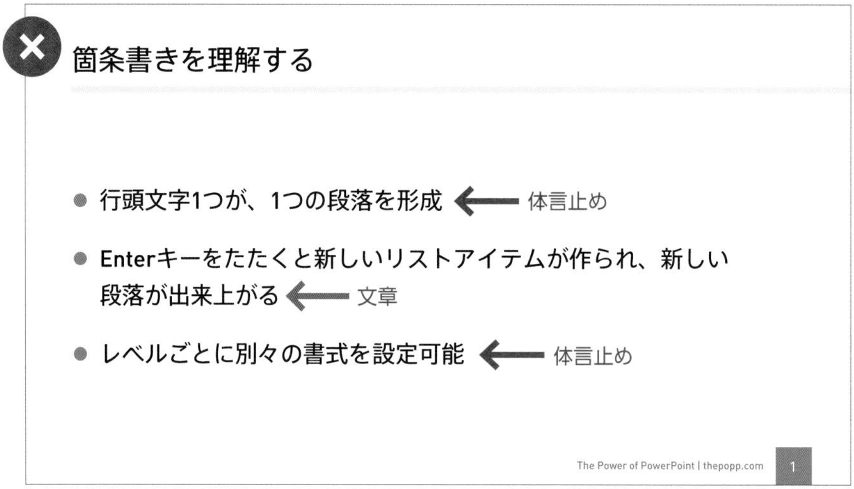

箇条書きを理解する

- 行頭文字1つが、1つの段落を形成　←── 体言止め

- Enterキーをたたくと新しいリストアイテムが作られ、新しい
  段落が出来上がる　←── 文章

- レベルごとに別々の書式を設定可能　←── 体言止め

Fig.5-19 ▶ 同じレベル内で、体言止めと文章が混在しているスライド

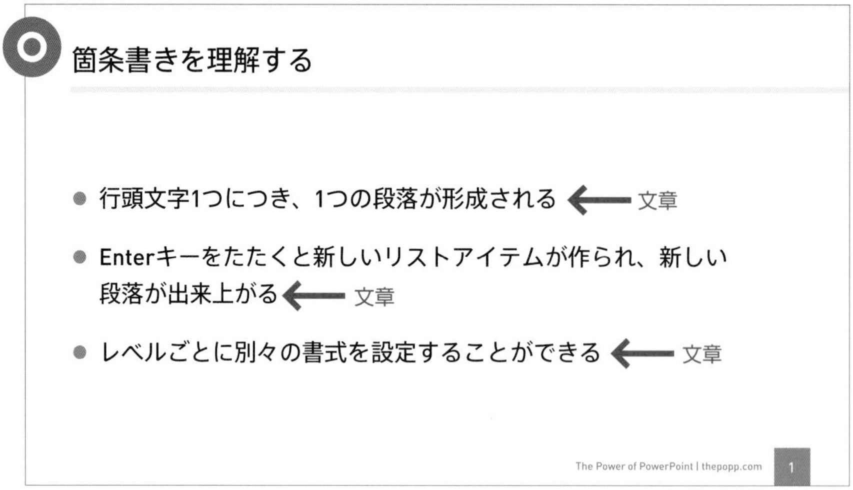

箇条書きを理解する

- 行頭文字1つにつき、1つの段落が形成される　←── 文章

- Enterキーをたたくと新しいリストアイテムが作られ、新しい
  段落が出来上がる　←── 文章

- レベルごとに別々の書式を設定することができる　←── 文章

Fig.5-20 ▶ 同じレベル内で、文章として統一したスライド。文末の句点は省くほうがよい

レイアウトのセオリー

パワーポイントの中核に当たる「スライドマスター」と「レイアウト」を理解し、効率よく見やすいスライドを作成できるようになりましょう。

01 スライドマスターとレイアウト

TOPIC スライドマスターはパワーポイントの神髄であり、効率化・一貫性・柔軟性を一手に担っています。

スライドにはレイアウトが適用されている

スライドマスターを理解するには、「レイアウト」を理解する必要があります。「レイアウト」とは、スライドのレイアウトを定義する機能で、どのスライドにも必ず何かしらのレイアウトが適用されています。

パワーポイントでよく使われているFig.6-01とFig.6-02のスライドは、最初から用意されている「タイトル スライド」や「タイトルとコンテンツ」というレイアウトが適用されています。

Fig.6-01 ▷「タイトル スライド」レイアウト

Fig.6-02 ▷「タイトルとコンテンツ」レイアウト

スライドのレイアウトを変更する方法

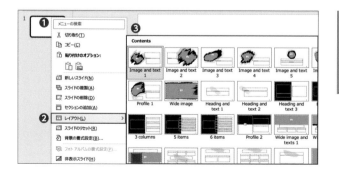

1 スライドのレイアウトを変えるには、スライド上で右クリックし❶、[レイアウト] をクリックします❷。表示されるレイアウト一覧から、任意のレイアウトをクリックします❸。

右のFig.6-03のようなレイアウトを
適用すれば、テキストの配置や大きさ・
段落などの書式はあらかじめ定義され
ていますし、写真もクリック一つで指定
位置に切り抜かれて表示されますので、
あっという間に下のようなスライドがで
き上がります。とても便利ですね。

Fig.6-03 ＞ 書式とレイアウトが適用済みの「レイアウト」例

Fig.6-04 ＞ コンテンツを入れ替えるだけですぐにスライドができ上がる

このように、レイアウトの機能を利用すると、以下のような様々なメリットを得られます。

- スライド作成の効率が上がる
- デザイン・レイアウトの一貫性が保たれる
- スライドレイアウトの柔軟性が上がる

　スライドの作成中、似たようなレイアウトのスライドは意外にたくさん出てきます。レイアウト機能
を使えば、簡単に同じレイアウトのスライドを作成できますし、100％一貫性を保てます。これは
CHAPTER 3の05で説明した反復のルールを守るのにも役立ちます。また、途中でデザインや配置
などを見直したくなったとき、レイアウトを修正するだけで、すべてのスライドのデザインを一気に調
整できます。

スライドマスターとは、レイアウトの「親」

レイアウトには様々なパターンがありますが、各レイアウトで共通している部分もあるはずです。

たとえばFig.6-05とFig.6-06のスライドは、一見異なる見た目ですが、少なくともスライドタイトルやフッターのデザインは同じです。このような、各レイアウト間で共通のデザイン・設定を行うための機能が「スライドマスター」です。

Fig.6-05 > 共通点のあるスライド1

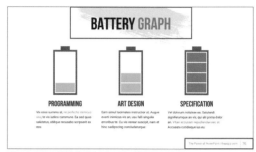

Fig.6-06 > 共通点のあるスライド2

Fig.6-07 > スライドマスター編集画面

これまでも何度か登場しましたが、スライドマスターは［表示］タブをクリックして、［スライドマスター］をクリックすると開けます。これから頻繁に使用するので、クイックアクセスツールバーへの登録を忘れずに行っておいてください（P.054参照）。

前ページFig.6-07の左ペインの一番上にある、一回り大きなスライドがスライドマスター、その下にぶら下がっているスライドがレイアウトです。編集画面は通常のスライド編集画面と似ていますが、レイアウトを定義するためのプレースホルダーという特殊な領域を扱えます。

スライドマスターはレイアウトの「親」として機能しますので、たとえば下のFig.6-08のように、スライドマスター上でタイトルのデザインを変更すると、すべてのレイアウトにおけるタイトルデザインが変更されます。急きょ全スライドに会社のロゴを入れたくなっても、スライドマスターに配置するだけの作業ですみます。

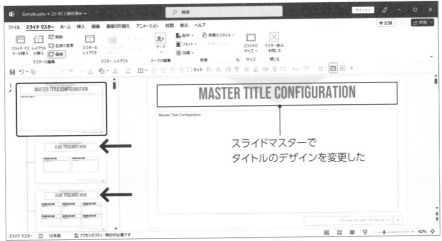

Fig.6-08 › スライドマスター上での変更は、すべてのレイアウトに適用される

スライドマスターで行う作業は、おおむね次の通りです。

- スライドタイトルのデザイン・配置や書式
- テキスト（本文）の書式
- フッターのデザイン・配置や書式
- 日付のデザイン・配置や書式
- ページ番号のデザイン・配置や書式
- 全スライド共通の背景や画像

スライドマスターを調整する前の準備

早速スライドマスターの調整に入りたいところなのですが、その前にやっておくことがあります。まず、すべてのスライドとレイアウトを削除しておきます。必ずスライドの削除→レイアウトの削除の順番で行います。逆順でやると削除できないレイアウトが出てきます。

また、CHAPTER 2の05などを参考に、少なくとも以下の設定が終わっていることを確認してください。

- スライドサイズの設定
- 見出し、本文に使用するフォントの決定と、テーマのフォントの設定
- メインカラー・アクセントカラーの決定とテーマの色の設定

特に、後からのスライドサイズ変更は大きなリスクを伴いますので、現段階で必ず設定を終わらせておきましょう。

◎ スライドとレイアウトの消去

1 通常のスライド編集画面（ホーム）で、左ペインからすべてのスライドを削除します❶。

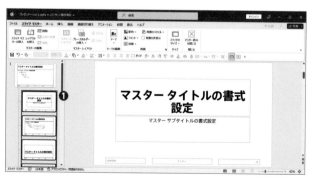

2 ［表示］タブをクリックし、［スライドマスター］をクリックして、すべてのレイアウトを削除します❶。

スライドマスターで領域を調整する

　初期状態でのスライドマスターはFig.6-09のようになっています。このままでは、タイトルが占める領域が広いので、若干バランスが悪く、またコンテンツを入れる領域が狭くなってしまっています。まずはここから調整していきましょう。

Fig.6-09 ＞ 領域調整前のスライド。タイトル領域が広く、若干バランスが悪い

　各領域のめやすをFig.6-10に示しました。なお、数値は厳密に受け取る必要はありません。

　まず、スライドの周囲には必ず余白を確保するようにします。あまり多くとりすぎても間延びしますので、幅や高さの5％程度を確保するとよいでしょう。

　次に、タイトルのフォントサイズを基準にタイトル領域を10〜15％ほど確保します。フッター領域は、余白の一部に書き込んでいる程度で構いません。各領域の周囲には必ず余白を設けるようにします。

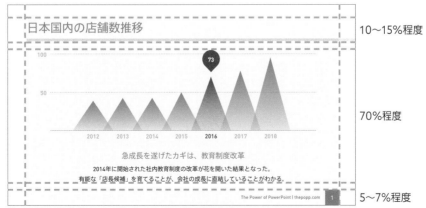

Fig.6-10 ＞ タイトル・コンテンツ・フッター領域のめやす

それでは、実際にスライドマスターを編集してみましょう。特に難しい作業はなく、CHAPTER 4の01を参考にフォントサイズを変更した後、オブジェクトを移動・変形するだけです。後で再び調整しますので、大体で構いません。

Fig.6-11に示したフォントサイズはスライドサイズが「幅:50.8cm 高さ28.57cm」の場合です。「ワイド画面」の場合は1.5で割ります。

Fig.6-11 ▶ 領域とフォントサイズのめやす

どのくらいの位置、大きさにすべきか紙面を見ているだけでは感覚がつかめないかもしれませんので、調整前と後の画像を重ねたものをFig.6-12に示します。タイトルが小さくなり、コンテンツを入力する領域が広がっていることがわかると思います。なお、この段階でCHAPTER 3の01で説明したガイドを挿入しておくと、今後の作業が楽になります。

Fig.6-12 ▶ 黒が調整前、色のついたものが調整後のスライドマスター

マスタータイトルを装飾する

　領域の調整が終わったら、タイトルを装飾していきます。装飾といっても派手なことはせず、シンプルな装飾を心がけます。今回は、タイトルの下に薄いメインカラーのラインを、長方形の図形で描画してみました。

> ### マスター タイトルの書式設定
>
> ● マスター テキストの書式設定
> 　　● 第 2 レベル
> 　　　　● 第 3 レベル
> 　　　　　　● 第 4 レベル

Fig.6-13 ＞ マスタータイトルの下に、長方形の図形でラインを入れた例

タイトルを装飾するときのポイントは次の通りです。

- 左揃えが基本で、センタリングでもよい。ただし右揃えは使わない
- 上部いっぱいを使うような、広い装飾は行わない
- シンプルな装飾を心がける

　Fig.6-14のような右揃えのタイトルは、人の自然な視点の流れに反しているので、使ってはいけません。また、Fig.6-15のように上部を目いっぱい塗りつぶすような装飾を時々見かけますが、上部が重くなりすぎてバランスが悪くなるのでおすすめしません。最初のうちは過度な装飾を避け、仕切り線を一本引くくらいのシンプルな装飾を心がけましょう。下手にデザインするよりも、ずっとセンスよく仕上がります。

Fig.6-14 ＞ 右揃えのタイトル

Fig.6-15 ＞ 上部いっぱいを塗りつぶしたタイトル

タイトルの装飾に悩む人のために、いくつか例を出してみますので参考にしてみてください。

薄いメインカラーのラインを図形で入れたタイトル

Fig.6-16 ▶ 薄いメインカラーのラインを「長方形」として挿入したタイトル。太さは「図形の高さ」として調整

メインカラーの細いラインを入れたタイトル

Fig.6-17 ▶ メインカラーの細いラインを「線」として挿入したタイトル。「線の太さ」で見た目を調整

先頭にシンプルな図形を入れたタイトル

Fig.6-18 ▶ 先頭にメインカラーの図形を「長方形」として挿入したタイトル

　少し物足りなく感じるかもしれませんが、最初のうちはこれくらいで十分です。そもそもタイトルは一番上部にあること、もっとも大きなフォントサイズであることなどから、何もしなくても目立ちます。また、コンテンツを入力していくと、スライド全体はいずれ複雑化してきます。タイトル自体がシンプルであれば、全体のバランスを取りやすくなります。

　Fig.6-19やFig.6-20のように、タイトルをメインカラーに変更したり、太いウェイトを使用したりしても構いません。都度装飾方法と組み合わせて利用してください。

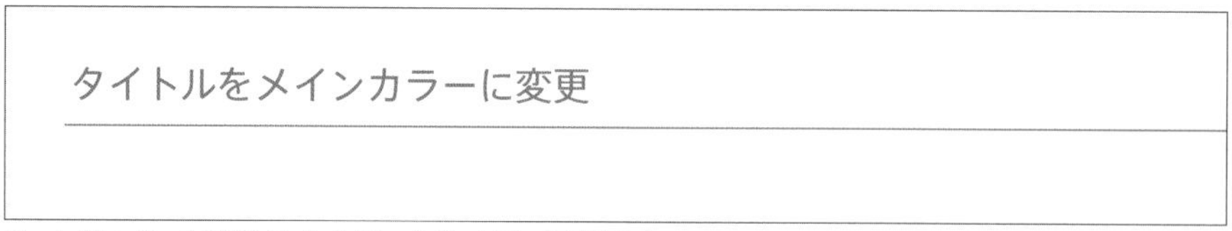

タイトルをメインカラーに変更

Fig.6-19 ▶ Fig.6-17のタイトルを、メインカラーに変更した

タイトルを太いウェイトに変更

Fig.6-20 ▶ Fig.6-17のタイトルを、太いウェイトに変更した

フッター領域を調整する

フッター領域には、3つのプレースホルダー（特殊な領域）が含まれています。

日付のプレースホルダーはあまり使いませんが、フッタープレースホルダーとスライド番号はよく使います。フッタープレースホルダーは、たとえば会社名や「社外秘」、コピーライト情報など、全スライドにわたって常に表示しておきたいテキストを挿入するのに便利です。

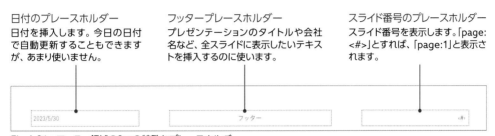

Fig.6-21 ＞ フッター領域の3つの特殊なプレースホルダー

簡単にフッター領域を装飾しておきましょう。Fig.6-22では、スライド番号の背景にメインカラーの矩形を敷き、フッタープレースホルダーを右揃えにして近づけました。日付のプレースホルダーは不要なので削除してあります。フッターの装飾は簡素で構いません。たとえば、Fig.6-23のように仕切り線を一本入れるくらいでも十分です。

なお、この修正は、必ずスライドマスターに対して行います。レイアウトを修正してしまうと書式が上書きされ、以後二度とスライドマスターの書式は反映されなくなります。

もし誤ってプレースホルダーを削除してしまったら、スライドマスター上で右クリックし、［マスターのレイアウト］をクリックします。出現するメニューの中から、削除してしまったプレースホルダーにチェックを入れなおせば、再度表示できます。

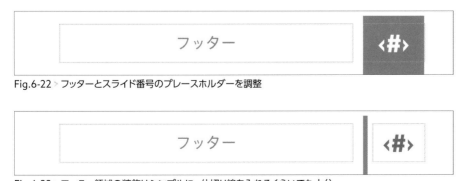

Fig.6-22 ＞ フッターとスライド番号のプレースホルダーを調整

Fig.6-23 ＞ フッター領域の装飾はシンプルに。仕切り線を入れるくらいでも十分

レイアウト作成方法の基礎を学ぶ

TOPIC スライドマスターで全レイアウト共通の設定が終わりました。今度は、簡単なレイアウトを作成することで、レイアウトの作成方法を学んでいきましょう。

シンプルなレイアウトを作ってみる

タイトル、フッター領域の体裁は調いましたので、今度はレイアウトを作っていきます。

レイアウトの追加とレイアウト名の変更

1 スライドマスターを選択した状態で、Enterを押します❶。

2 新しいレイアウトが作成されます。新しいレイアウトの上で右クリックし❶、[レイアウト名の変更] をクリックします❷。

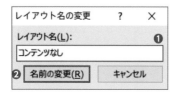

3 あとでわかりやすいよう、レイアウトに任意の名前を付けます。ここでは「コンテンツなし」としました❶。最後に [名前の変更] をクリックして決定します❷。

ここまでで、「コンテンツのないレイアウト」が完成しました。

Fig.6-24 › コンテンツのない、タイトルとフッターだけのレイアウト

この時点で、一度スライドに適用して全体のバランスなどを確認しておきましょう。[スライドマスターを閉じる] をクリックして、スライド編集モードに戻ります。すべてのスライドを消去しているので、「最初のスライドを追加」という文字だけが表示されているはずです。どこでも構いませんので、この文字の周囲をクリックして、新しいスライドを追加します。

すると、Fig.6-25のような先ほど作ったレイアウトが適用された状態のスライドが表示されます。適当にタイトルを入力して、スライドの見た目が想定通りになっているか確認しておきましょう。同様に、フッターやページ番号を確認したいところなのですが、ここでは何も表示されていません。

Fig.6-25 › レイアウトを適用しても、フッターとスライド番号は表示されない

前のページでフッターとページ番号が表示されていないのは、初期状態で有効になっていないためです。そこで、以下のようにしてフッターとページ番号が表示されるようにしましょう。

◉ フッターとページ番号の表示

1 [挿入] タブをクリックし❶、[ヘッダーとフッター] をクリックします❷。

2 [スライド番号] と [フッター] をクリックしてチェックを入れ❶、両者を有効化します。フッターの下の欄には表示させたいテキストを入力します❷。最後に [すべてに適用] をクリックします❸。

3 スライド番号とフッターが表示されました。

　スライド番号とフッターを表示してみて位置や大きさ、色などの修正が必要だと感じたら、再度スライドマスターに戻って修正をします。

　何度もいいますが、フッターとスライド番号の位置を修正するときは、「レイアウト」ではなく「スライドマスター」に対して行うようにします。スライドマスターを開くと、レイアウトが選択されている状態になっているため、非常に間違いやすいので注意してください。

調整が終わったら、今度はテキストを入力できるレイアウトを作成していきます。

● テキストプレースホルダーの追加と調整

1 先ほど作ったレイアウトをクリックして選択し❶、 Ctrl + C を押してコピーし、 Ctrl + V を押します。

2 レイアウトが複製されます。新しいレイアウトが選択された状態で、[プレースホルダーの挿入]をクリックします❶。

3 プレースホルダーの一覧が表示されますので、[テキスト]をクリックします❶。

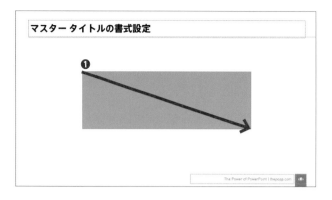

4 マウスポインターの形状が十字に変わります。テキストを挿入したい領域を想定しながらドラッグします❶。

5 テキストのプレースホルダーが作成されます。
テキストのプレースホルダーは、あらかじめテキストを入力する領域と書式を定義しておくための機能です。

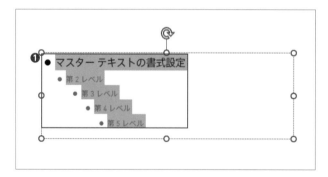

6 プレースホルダー内の箇条書きすべて選択して❶、[ホーム] タブをクリックし、▤をクリックして行頭文字を削除します。

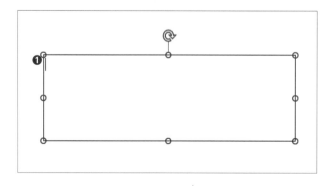

7 Delete または Backspace を押してテキストも削除し、代わりにわかりやすい名前を入力します❶。

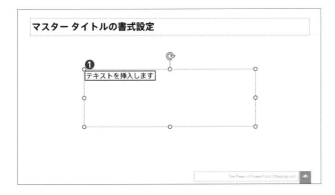

8 入力したテキストに対して、書式を設定します❶。フォントサイズは、CHAPTER 4の01を参考に「本文のフォントサイズ」を適用します。段落については、CHAPTER 4の02を参考に行間のみ調整します（「倍数」で「1.3」程度）。今回はあまり行の多い文章が入ることを想定していませんので、段落前後の余白は必要ありません。

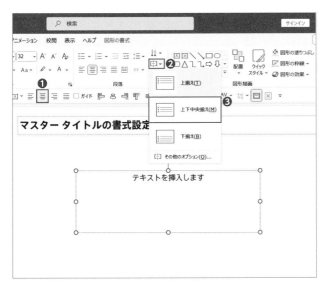

9 ≡をクリックしてテキストを中央揃えにし❶、[文字の配置]をクリックし❷、[上下中央揃え]をクリックします❸。

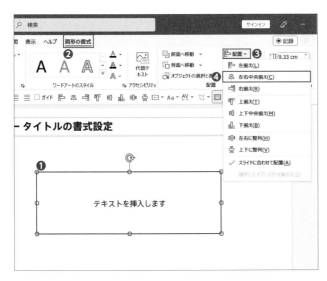

10 最後に、プレースホルダーをクリックして選択し❶、[図形の書式]タブをクリックします❷。[配置]をクリックして❸、[左右中央揃え]をクリックします❹。これでプレースホルダーがスライドの中央に配置されます。

ここまでの設定で、最終的にレイアウトの見た目はFig.6-26のようになりました。なお、タイトルは「マスタータイトルの書式設定」ではわかりにくいので「スライドタイトル」に変えておきました。

最後に、レイアウトにわかりやすい名前をつけ、[スライドマスター] タブで [マスター表示を閉じる] をクリックしてスライドマスターモードを抜けます。

Fig.6-26 ＞ 完成した、短いテキストが中央にあるだけのシンプルなレイアウト

新しくスライドを作成し、スライド上で右クリックして [レイアウト] をクリックします。今作成したレイアウトを適用し、確認用のテキストを入力したものが下のFig.6-27です。

これで、シンプルなレイアウト作成は終了です。少し手順は長かったかもしれませんが、操作方法を覚えてしまえばすぐに作れるようになります。また、以後レイアウトは複製して発展させていきますので、より短い時間で新しいレイアウトを作成できるようにもなります。

Fig.6-27 ＞ 作成したレイアウトをスライドに適用し、確認用のテキストを入力したスライド

レイアウトを発展させて新しいレイアウトを作る

今度は、先ほど作成した「テキストのみのレイアウト」を利用して、見出しのあるレイアウトを作成してみましょう。

● 見出しのあるレイアウトの作成

1 P.129〜131で作成したレイアウトをコピーします。レイアウトを選択して❶、 Ctrl + C を押し、 Ctrl + V を押します。

2 レイアウトがコピーされました。以後、新しくレイアウトを作成したらP.126を参考に名前を変えておきましょう。

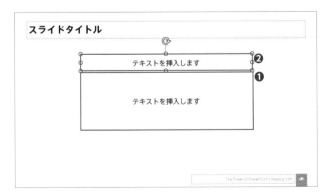

3 見出しのプレースホルダーを作成します。レイアウトのテキストプレースホルダーをコピーして❶、貼り付けます❷。見出しになるよう、位置と大きさを調整します。

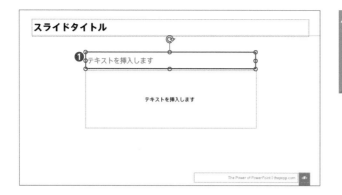

4 CHAPTER 3の03を参考に、フォント
サイズ・色などを調整して見出しにな
るようにします。見出しは1行を想定
するので、行間を1行に戻しておきま
す❶。

5 最後に、テキストプレースホルダーの
位置と大きさを調整します❶。全体
が大体スライドの中央に来るようにす
るときれいに見えます。

　これで、見出しとテキストが一つずつあるレイアウトが完成しました。スライドに適用後、文字を入力すると、Fig.6-28のようになります。

　なお、見出しの作成方法や余白の取り方などについては、CHAPTER 3の03やCHAPTER 4の01などで解説しています。レイアウトの作成には、これまでの知識を総動員して臨んでください。

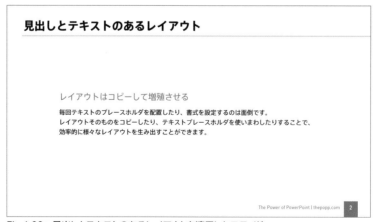

Fig.6-28 ▶ 見出しとテキストのあるレイアウトを適用したスライド

さて、さらにこのレイアウトを、見出しとテキストが2つずつあるレイアウトへと発展させてみましょう。

◉ 見出しとテキストが2つずつあるレイアウトの作成

1 先ほど作成した見出しとテキストをまとめて選択し❶、 Shift ＋ Ctrl を押しながらドラッグします❷。これによって左右にぶれることなくテキストプレースホルダーを移動しながら複製できます。

2 あとは、プレースホルダーの大きさや位置を微調整するだけで、あっという間に新しいレイアウトが完成します。

テキストを入力すると、Fig.6-29のようになります。この手順を応用すれば、見出しとテキストが3つずつあるレイアウトも容易に作成できます。操作に慣れてしまえば、1分とかかりません。

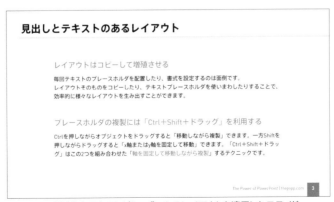

Fig.6-29 ▶ 見出しとテキストが2つずつあるレイアウトを適用したスライド

図のプレースホルダーを利用する

テキストのプレースホルダーがテキストをレイアウトするための機能だったのに対して、「図のプレースホルダー」は画像をレイアウトするための機能です。早速、図のプレースホルダーを利用したレイアウトを作成してみましょう。

◎ 図のプレースホルダーがあるレイアウトの作成

1 「見出しとテキストが2つずつあるレイアウト」を複製し（前ページ参照）、見出しとテキストのプレースホルダーを右に寄せて図を挿入するスペースを確保します**❶**。

2 左側に図のプレースホルダーが入るスペースができました。

3 [スライドマスター] タブの [プレースホルダーの挿入] をクリックして**❶**、[図] をクリックします**❷**。配置方法はテキストのプレースホルダーと同じです。

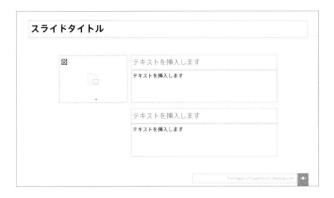

4 図のプレースホルダーの位置や大きさを調整します。余白に注意しながら、見出しやテキストの位置も微調整を施します。

5 図のプレースホルダーをコピーして、完成です。

　実際に画像を挿入して仕上がりを見てみましょう（Fig.6-30参照）。画像は、図のプレースホルダーの中心にあるアイコンをクリックするか、または図をプレースホルダーに直接ドラッグ＆ドロップすることで挿入できます。自動的に切り抜かれるので、レイアウトを気にすることなく挿入・入れ替えを簡単に行えます。

Fig.6-30 ＞ 図のプレースホルダーを利用したレイアウトを適用したスライド

図のプレースホルダーを利用すると、画像を任意の形に切り抜けます。たとえば画像を正円に切り抜くことも容易にできるようになります。

◎ 図のプレースホルダーの形を変更

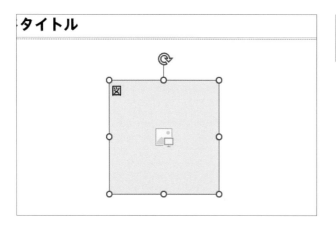

1 図のプレースホルダーを配置するときに、Shift を押しながらドラッグし、正方形にします。

2 ［図形の書式］タブの［図形の編集］をクリックし❶、［図形の変更］をクリックします❷。切り抜きたい図形（ここでは［楕円］）をクリックします❸。

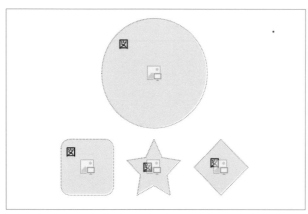

3 すると、プレースホルダーの形が円に変わります。指定する図形を変えれば、様々な形状に変形できます。

　図のプレースホルダーを使えば、Photoshopなどの画像編集ツールを使わずとも、Fig.6-31のようなレイアウトが簡単に作成できます。

Fig.6-31 > 図のプレースホルダーを利用すると、画像を簡単に正円に切り抜ける

　画像を自動的に切り抜いてくれる機能は便利ですが、切り取られる位置や大きさが気に入らない場合もあります。そのようなときは、トリミング機能を使って調整できます。

　画像を選択した状態で、[図の形式] タブで [トリミング] の上にある□をクリックします。表示が下のFig.6-32のように変わりますので、画像を大きくしたり、ドラッグして位置を変えたりすることで、切り抜かれる具合を好きなように調整できます。ただし、切り抜かれる領域より画像を小さくしたり、移動して画像の端が領域内に含まれたりしないよう注意してください。

Fig.6-32 > [トリミング] を利用すれば、切り取られる具合を自由に編集できる

タイトル用のレイアウトを作成する

　今度は、タイトル用のシンプルなレイアウトを作成してみましょう。タイトルスライドをインパクトの
あるものに仕上げたい気持ちもあるかもしれませんが、まずは単純なレイアウトから始めてください。
　「コンテンツのないレイアウト」をコピーして作っていきます。

● タイトル用レイアウトの作成

1 これまでと同じように、すでに作成し
たレイアウトをタイトル用に複製しま
す。複製したレイアウト上で右クリッ
クし❶、[背景の書式設定] をクリック
します❷。

2 [背景の書式設定] 作業ウィンドウが
表示されるので、[背景グラフィックを
表示しない] をクリックしてチェック
を入れます❶。
すると、スライドタイトルやスライド
番号の装飾が非表示になります。

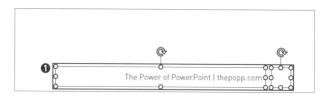

3 タイトルにフッターとスライド番号は
必要ありませんので、まとめて消去し
ておきます❶。

4 タイトルのプレースホルダーを移動して、「プレゼンテーションのタイトル」とします。また、少しフォントサイズを大きくしておきます。

5 別のレイアウトからテキストのプレースホルダーをコピーし、サブタイトルや著者名を表示する場所を作ります。タイトルはメインカラーにしました。

　これでタイトル用のレイアウトが完成しました。装飾の施されていない、シンプルなタイトルスライドです。デザインとして物足りないと感じるかもしれませんが、必要最低限の要素できれいに配置する感覚を身に着けるためにも、一度作成してみることをおすすめします。

　なお、前ページの手順2で出てきた「背景グラフィックを表示しない」にチェックを入れた理由は、スライドマスターに挿入しているタイトルの装飾やスライド番号の背景を非表示にするためです。

MEMO テーマの保存と読み込み

テーマのフォントと配色・レイアウトは、セットでテーマファイル（thmx）として保存しておけます。[デザイン]タブのテーマの右下にある▽をクリックし、表示されるメニューの下部にある[テーマの参照]で読み込みが、[現在のテーマを保存]で保存ができます。

タイトルスライドを魅力的にする

　前節で説明したタイトルスライドは、簡素すぎて第一印象の魅力としては物足りないと感じるかもしれません。かといって、デザイナー以外の人が変にこだわったスライドを作ろうとすると、高い確率で失敗してしまいます。そこで、シンプルなタイトルスライドを段階的に発展させることで、少しずつデザイン性を高めていきましょう。

　タイトルをデザインするとはいっても、これまで学習してきたことから大きくそれるようなことはしません。メインカラーを利用したり、コントラストをつけたりすることで変化をつけていきます。

　下にサンプルをいくつ挙げてみました。Fig.6-33のように仕切り線を入れたり、Fig.6-34のように背景色をメインカラーにしたりするだけでも品のよい落ち着いたタイトルスライドに仕上がります。

Fig.6-33 > ラインを用いたシンプルなタイトルスライド

Fig.6-34 > 背景をメインカラーにしたタイトルスライド

Fig.6-35 > 重要な言葉を強調したタイトルスライド

Fig.6-36 > 上3分の2をメインカラーで塗ったタイトルスライド

Fig.6-37 > 大胆にテキストを強調したタイトルスライド

Fig.6-38 > Fig.6-35の左に図形を配置したタイトルスライド

　テキストにコントラストをつけて重要な部分を強調したり、あるいはメインカラーの図形を利用したりすることで背景に変化をつけるだけでも、様々なレイアウトパターンを作れます。一見すると簡単にできるように思えますが、「テキストや図形をスライドにどのように配置するか」という問題は意外に難しいので、練習して感覚を把握することをおすすめします。

　簡単にタイトルスライドをおしゃれにする方法として「高品質な画像を利用する」方法もあります。品質の高い画像を使うことが重要で、少なくともFull HD（1920×1080）以上の解像度は必須です（P.034コラム参照）。たとえばFig.6-39やFig.6-40のように一部が大きく空いている画像を利用すれば、そこにタイトルを入れるだけで、簡単にポスターのような表紙を作れます。

Fig.6-39 ＞ 高品質な画像を利用したタイトルスライド

Fig.6-40 ＞ 高品質な画像を利用したタイトルスライド

　写真の上にテキストをのせることが難しい場合は、たとえばFig.6-41のように上部3分の2程度を画像にして、下にテキストを配置するとうまくまとめられます。画像の上に半透明の黒を配置し、その上にタイトルなどを記載することも考えられますが、画像によっては文字が読みづらくなることもあるので注意しましょう。

Fig.6-41 ＞ 上3分の2のみ画像にして、テキストを読みやすく配置したタイトルスライド

利用しやすい
レイアウトパターン

TOPIC レイアウトを整理して分類すると、よく使うものはある程度パターン化できます。この節では、普段利用しやすいレイアウトをご紹介します。

利用しやすいレイアウトパターンの紹介

いきなり複雑なレイアウトを作成すると応用が利かず、結局一度きりしか使わないものができ上がってしまいます。レイアウトは、シンプルなものから作成をはじめ、段階的に発展させていくと無駄がなく、上手に作れます。そこでこの節では、普段利用しやすいベーシックなレイアウトを3種類紹介しますので、まずはこれらを基本とし、用途に合わせてテキストのプレースホルダーを増やしたり、あるいは図のプレースホルダーを挿入したりすることで多様化させていきましょう。

Fig.6-42は、箇条書きを上下中央に配置したレイアウトです。初期設定では上揃えになっていますが、余白は一方に偏っていると落ち着きが悪くなる傾向にありますので、箇条書きを上下中央揃えにすることで安定化を図っています。

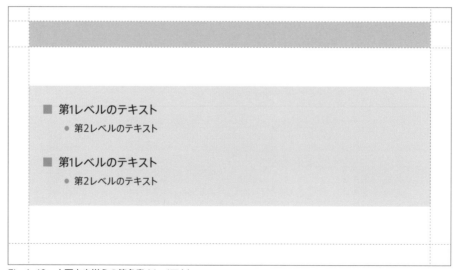

Fig.6-42 > 上下中央揃えの箇条書きレイアウト

Fig.6-43は図や画像を挿入するために、スライド左部分にスペースをあけておくレイアウトです。図のプレースホルダーを配置する必要はありません。スライド上で直接図やグラフなどを追加します。

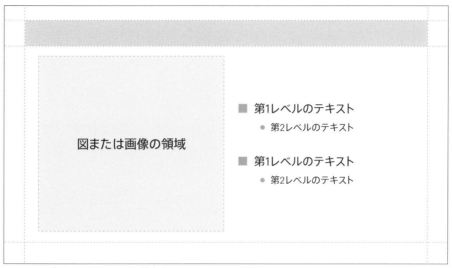

Fig.6-43 ▷ 左にスペースをあけた箇条書きレイアウト

Fig.6-44は横に長い図や画像、またはグラフなどを入れるケースに対応するレイアウトです。下の領域は箇条書きが入るほどのスペースを確保できない場合が多いので、「見出しとテキスト」または「テキストのみ」を配置します。「図」「キャプション」「説明」という論理的な説明を行えます。

Fig.6-44 ▷ 上に空間をあけた箇条書きレイアウト

避けた方が好ましいレイアウト

人がスライドやドキュメントを見るとき、文字を左から右へ読む文化圏の場合、左から右に読んでいき、最後まで行ったら一段下がってまた左から右に読むという流れを繰り返します。レイアウトを作るときは、この視点の流れに逆らわないようにすることが大切です。

Fig.6-45 > 人の視点移動。左から右へ、上から下へを繰り返す

また、基本的に画像や図・グラフは真っ先に注目されます（Fig.6-46参照）。読んで理解しなければならないテキストより、一瞬で目に留まる画像のほうを先に見るのは至極当然のことといえます。

Fig.6-46 > 図やグラフ・写真は真っ先に注目される

この2つの視点移動を念頭に置くと、Fig.6-47のようなレイアウトには違和感があることに気づきます。

画像・図形が注目を集めるため、人はスライドの右を真っ先に見ます（❶）。ところが、テキストが左にあるため、視点を戻す（❶→❷）必要があります。これは、人の自然な視点の流れに反してしまっています。

Fig.6-47 › 人の視点移動に反したスライド

パワーポイントは上揃えの箇条書きが初期設定のため、「右が余る」または「下が余る」傾向にあります。この余ったスペースに画像や図を入れてしまうため、「自然な視点の流れに反した」スライドは世の中に大量に生まれています。

もちろん、大きな問題があるわけではないので、完全に悪いともいえません。ただ、何かデザイン的な意図があるなど、特別な場合以外、Fig.6-47やFig.6-48のようなレイアウトは避けるべきです。

Fig.6-48 › 下に余るスペースに図を入れると、視点移動に反するスライドになる

箇条書きを使わない
レイアウト

箇条書きのスライドは使い勝手がよいですが、見栄えやわかりやすさの観点からは最適解ではありません。この節では、別の表現方法を紹介します。

箇条書きを独立したスライドに分割する

　箇条書きから脱出するための最も簡単な方法は、第1レベルを見出し、第2レベルを本文としたレイアウトに変更することですが、ここではそれ以外の方法について解説していきます。

　箇条書きの問題点は、どうしても文字が多くなりがちなところにあります。せっかくプレゼンターが最初の項目について説明していても、オーディエンスは文字があるゆえに第2項目、第3項目へと勝手に読み進めてしまいます。その間プレゼンターの言葉はなかなか頭に入ってきません。

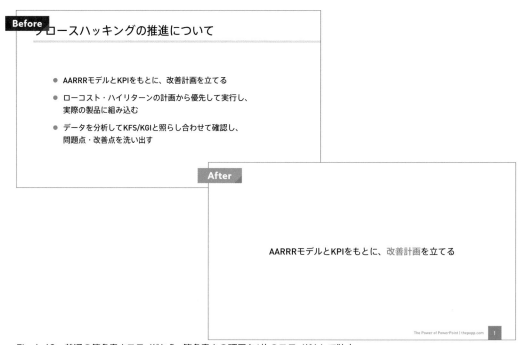

Fig.6-49 > 普通の箇条書きスライドから、箇条書きの項目を1枚のスライドとして独立

そこで、箇条書きのそれぞれの要素を1つずつ独立させたスライドを作ることを考えます。そうすれば現在の論点が明確になり、聴衆の意識がほかに逸れることはありません。

第2レベルが必要な場合は、Fig.6-50のように優先度を意識した上で同じスライド内に記述します。ちなみに、スライドのタイトルは残しても構いません。

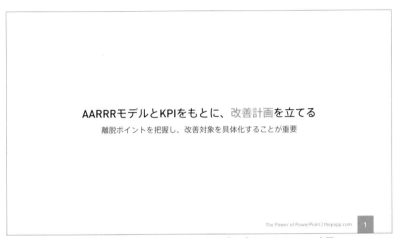

Fig.6-50 ＞ 第2レベルは、一回り小さなフォント、およびサブテキストカラーで表示

スライドを独立させるとわかりやすくなりますが、逆にスライド間の関係性が希薄になってきます。何かの流れを説明している場合や、ポイントを説明している場合などは、下のFig.6-51のように連番を振るとつながりが生まれ、わかりやすくなります。

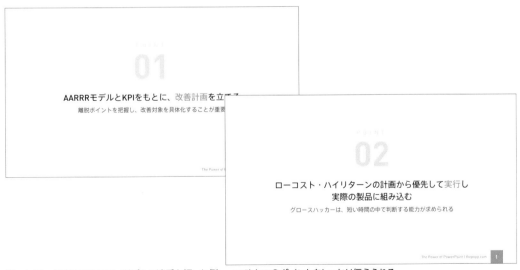

Fig.6-51 ＞ 独立させたスライドごとに連番を振った例。一つひとつのポイントをしっかり伝えられる

セクションブレイクスライドを挿入する

　スライドを独立させ、タイトルを削除してしまうと、突如内容だけが出てくることになります。プレゼンテーションの流れでカバーすれば問題ないのですが、セクションブレイクを入れるという手もあります。

　セクションブレイクを作るときは、ほかのスライドとは役割が違うことを明確にするため、たとえばFig.6-52のように背景色を反転させるなどといった工夫を施します。

Fig.6-52 ▷ 背景をメインカラーにしたセクションブレイクスライド。聴衆の頭を切り替える役割を担う

　セクションブレイクを入れると、プレゼンテーションの流れがスライドの切り替わりと一致します。

　「概要やトピックを述べて、本題に入る」といった論理的な構成が自然に生まれるので、プレゼンテーションテクニックの一つとして利用できます。

　セクションブレイクも内容のスライドも、レイアウトで定義しておけば簡単に量産できます。レイアウトさえ先に作成しておけば、箇条書きスライドを作る手間とほとんど変わらずに、わかりやすい構成へと改善できます。

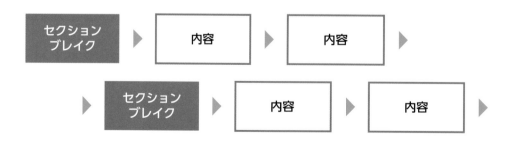

Fig.6-53 ▷ セクションブレイクを利用したプレゼンテーションの流れ

キーワードを抽出する

　スライド量が増えては困る場合は、前述のような、項目を独立させる手法は使えません。別の方法として、今度は各項目のキーワードに注目してみます。Fig.6-54のように、スライドのキーワードを抽出し、これを目立たせることを考えてみます。

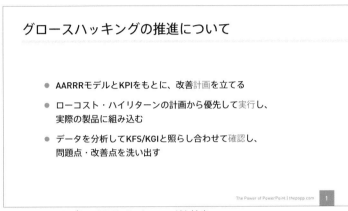

Fig.6-54 ＞ それぞれの項目から、キーワードを抽出

　抽出したキーワードを、下のFig.6-55のように、図形を用いて強調してみました。箇条書きで文字が羅列してあるよりも、情報が優先度で整理されてとても見やすくなりました。人は物事をキーワードで覚えるので、この手法は見た目だけでなくわかりやすさの観点からも十分効果があります。

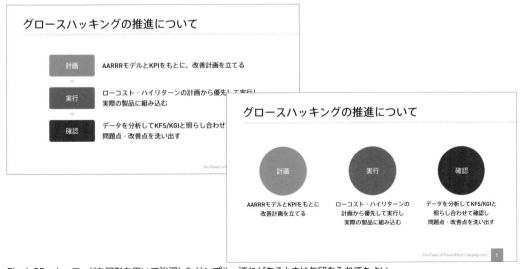

Fig.6-55 ＞ キーワードを図形を用いて強調したサンプル。流れがあるときは矢印を入れてもよい

アイコンを利用する

アイコンは小さな面積で多くのことを語ってくれますし、スライドを何倍にも華やかにしてくれます。Webデザインではよく使われますが、なぜかパワーポイントではあまり使われません。

やり方はとても簡単で、各項目の先頭や上部に関連するアイコンを挿入するだけです。前ページのFig.6-55にアイコンを使ってみましょう。

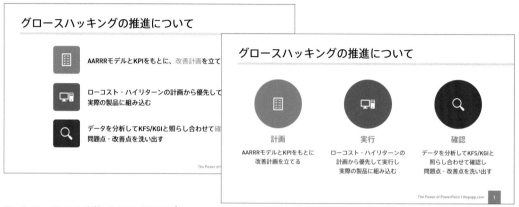

Fig.6-56 ▶ アイコンを使ったスライドサンプル

Web上ではたくさんの無料アイコンが公開されていますし、パワーポイント2016からは簡単にアイコンを挿入できる機能が追加されました（ただし、Microsoft 365など、オンラインアップデートが可能なサブスクリプション版に限られます）。[挿入] タブで [図] グループの [アイコン] をクリックして、一覧から好きなアイコンを選択するだけです（Fig.6-57参照）。[図形の塗り] で色も簡単に変えられますし、ベクター画像なので美しいままいくらでも拡大できます。ぜひ活用してください。

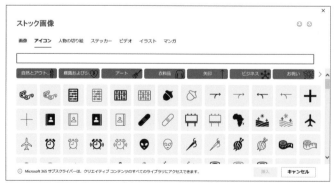

Fig.6-57 ▶ パワーポイントに導入された、アイコン選択画面。カテゴリごとに様々なアイコンが並んでいる

CHAPTER **7**

図やグラフのセオリー

図やグラフは、少し手間をかけ、一定のルールを設けて使うことが大切です。図やグラフを有効に使うための基本を確認しましょう。

01 図形の見た目を統一する

一定のルールを設けて図形を扱えば、デザインが洗練され、見やすさも向上します。ここでは、図形を扱う上での基本的な考え方を学んでいきます。

図形の形を統一する

パワーポイントで基本となる図形は、Fig.7-01の3種類です。

円

正方形
・
長方形

角丸正方形
・
長方形

Fig.7-01 ▶ パワーポイントで使用する、3種類の基本図形

Chapter3の05で述べた「反復」の原則に従うと、すべてのスライドを通して同じ形状の図形を使い続けるべきです。もちろん、記述しようとする内容によっては統一が難しい場合もありますが、少なくとも「どれをメインとして使用するか」だけはあらかじめ決めておきましょう。

Fig.7-02は角丸の長方形の中に通常の長方形の図形が収められています。100%悪いとはいい切れませんが、図形の形状に何か意図があるのでない限り、統一したほうが見栄えがよくなります。

Fig.7-02 ▶ 長方形と角丸長方形が混在   Fig.7-03 ▶ 長方形で形状を統一

正方形・正円を使うとまとめやすい

元の図形

拡大後の図形

Fig.7-04 ＞ 角丸の図形は拡大すると半径が変わってしまう

Fig.7-04のように、角丸の図形は拡大縮小によって、角丸の半径が変わってしまいます。パワーポイントでは角丸の半径を統一する機能が用意されていませんので、今のところ目で見て合わせるしかありません（アドインを入れるか、VBAを使えば実現できます）。

半径を毎回目で見て合わせるのは骨の折れる作業ですので、初心者は正方形、または円を中心にまとめることをおすすめします。

下のFig.7-05やFig.7-06のように、図形の形状を同じにすると統一感が生まれ、全体の印象がとてもよくなります。図形だけでなく、画像についても形状を合わせると、よりデザインが洗練されます。画像の形状は、図のプレースホルダーを使えば簡単に揃えられます。

正方形で統一	円で統一

序論 ▷ 本論 ▷ 結論　　　　　序論 ▷ 本論 ▷ 結論

1　改善点を把握　　　　　　　　1　改善点を把握

2　タスクの優先度づけと実行　　2　タスクの優先度づけと実行

3　分析による評価と判断　　　　3　分析による評価と判断

Fig.7-05 ＞ まじめで固い印象になる　　　　　Fig.7-06 ＞ 柔らかく優しい印象になる

図形の塗りと枠線の基本

Fig.7-07 > 塗りだけ、または枠線だけの図形を使う

Fig.7-08 > メインカラーで塗りつぶすと目立つ

図形を挿入するとき、形状以外に「塗り」と「枠線」をどうするか決めなければなりません。

まず原則として、「塗りだけ」または「枠線だけ」のどちらかを使用します。CHAPTER 4の03でも触れましたが、「塗りと枠線」が両方適用された図形はおすすめしません。

また、Fig.7-08のように、メインカラーで塗りつぶした図形はとても目立ちます。逆に薄い色で塗りつぶす、あるいは枠線のみにすると控えめな印象になり、あまり目立たなくなります。CHAPTER 4の03で述べた通り、図形の塗りや枠線によって強調の具合をコントロールできますので、情報の優先度を考慮した上で図形の書式を決めましょう。

　図形を挿入するとき、つい色を多用しがちですが、Fig.7-10のように基本的にはメインカラーの明度違いの色を使用します。それでも足りなくなったら、グレーの明度違いの色を使用してください。Fig.7-09のように意味もなく色数を増やしてはいけません。

Fig.7-09 > 意味もなく色を増やすことは避ける

Fig.7-10 > 別の色が必要になったら、まずはメインカラーの明度違いの色を利用する

色の使いかたにルールを設ける

図形の色は、3段階程度のルールを設けて使うとスライド全体の統一感が生まれます。たとえば、Fig.7-11のようなルールを自分で設定し、スライドを作るときにできる限り守るようにします。3種類程度用意しておけば、まず足りなくなることはありません。

Fig.7-11 > 図形の色づかいにルールを設ける

Fig.7-12に、これらのルールを適用したスライドを示しました。ルールを決めておけば、デザイン面のよさだけでなく、新しくスライドを作るときに悩む必要がなくなるので効率的に作業できるようにもなります。また、自然と反復の原則が守られるようになるので、デザインの意味を読み手が理解しやすくもなります。

Fig.7-12 > 異なるスライドでも、図形の使い方のルールを守る

フローチャートや
タイムラインの作りかた

TOPIC 物事を説明するとき、流れや時系列が伴っている場合は少なくありません。
フローチャートやタイムラインを用いて視覚的に説明しましょう。

フローチャートを作るときのコツ

フローチャートは大きく分けると、要素と矢印で構成されています。まず、要素については、前の
節で述べた図形の使い方を基本とすれば問題ありません。必ず図形を使用します。文字だけのフロー
チャートにしてはいけません。

Fig.7-13 › 図形を利用したフローチャート

Fig.7-14 › 文字だけのフローチャート

次に、矢印についてですが、図形メニューの中にある⇩は使いにくいので、Fig.7-15のように三角
形か、線の矢印を使うことをおすすめします。

Fig.7-15 › 線の矢印。コネクタとして図形に接続できる

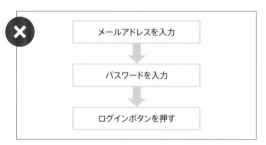

Fig.7-16 › 図形の矢印は位置合わせやバランス調整が難しい

また、矢印の色は要素よりも目立ってはいけません。矢印が要素以上に重要になることはあり得ないので、情報の優先度を考慮し、必ず控えめな色 (たとえば薄いメインカラーやライトグレー) を用いるようにします。

Fig.7-17 > 矢印の色をライトグレーで控えめにした例

Fig.7-18 > 要素よりも矢印が目立ってしまう例

さらに、パワーポイントのスライドは高さよりも幅のほうが広いことが多いため、フローも上から下ではなく、左から右に流すとおさまりがよくなります。Fig.7-19のように横にすれば、各要素の下に説明を入れたり、注釈を入れたりすることも違和感なくできるようになります。もちろん要素内の文字数によっては難しい場合もありますので、無理をする必要はありません。

Fig.7-19 > フローを左から右へ配置した例

最後に、ほかの要素と少し意味合いが異なるもの、あるいは少し重要度が強いものについては、前の節を参考にして色の使い方を変えておきます。単調な色づかいだけでは頭に入りづらいので、重要なポイントは指摘してあげましょう。

Fig.7-20 > 同じフローでも、重要度や意味合いが異なるものは表現を変える

タイムラインを作るときのコツ

　時系列で物事を説明するとき、タイムラインはとても便利です。ところが、多くの情報を1つの図の中に入れなければならないため、なかなかうまくまとまりません。

　タイムラインを上手にまとめるコツは、要素を上下交互に並べ、スペースを有効に活用することです。 Before のスライドは、普通に横並びにタイムラインを作成したものです。悪くはありませんが、スペースの都合上どうしても文字が小さくなってしまいます。

　 After のように上下交互に並べると、スペースを有効活用できるので、文字を大きくできます。また、それぞれの項目が近くなりすぎないので、読みやすさも改善できます。

Fig.7-21 ▶ 横一列に並べると、文字が小さくなってしまう

Fig.7-22 ▶ テキストを交互に配置すると、スペースを有効活用できる

ただし、どれだけスペースを有効活用しても、文字の入る量には限界があります。1枚のスライド内で収まりそうにない場合は、Fig.7-23とFig.7-24のように複数のスライドに分割することを考えましょう。

Fig.7-23 ▶ タイムラインを2枚に分割

Fig.7-24 ▶ タイムラインを2枚に分割

複数のスライドは特に何もしなくても一連のタイムラインに見えますが、プレゼンテーションでは次に紹介するような「画面切り替え」を使うとさらに効果的です。

◉ 「画面切り替え」によるタイムラインの効果的な見せ方

1 2枚目のスライドを選択した状態で、[画面切り替え] タブをクリックし❶、[プッシュ] をクリックします❷。

2 続けて、[効果のオプション] をクリックし❶、[右から] をクリックします❷。スライドショーで再生すると、切り替え効果であたかも実際に続いているタイムラインのような印象を与えられます。

エクセルのグラフを わかりやすく美しく見せる

TOPIC エクセルのグラフを挿入して使用することはよくあります。この節では、グラフをわかりやすく、美しくするコツを紹介します。

 ## グラフをわかりやすく、美しくするためのポイント

マイクロソフトオフィスのバージョンが上がるにつれ、特に手を加えなくてもずいぶんときれいにグラフを表示できるようになりました。Fig.7-25は、エクセルからそのままパワーポイントにグラフをコピーし、文字の大きさを調整しただけです。

グラフに使われる色は、テーマの色で指定した「アクセントカラー」が左から順番に使われる仕様になっています。フォントは「テーマのフォント」が適用されます。

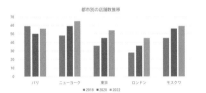

Fig.7-25 ▶ エクセルからコピーした棒グラフと円グラフ

ただし、まだ改善の余地が残っています。すでに満たされているものもありますが、一度ここでグラフを美しく見せるポイントを、簡単にまとめておきます。

- グラフ領域に対して、背景色や枠線は使わない
- 色を使いすぎない
- 目盛り線は最低限にする（基本的には横軸のみで十分）
- 目立たせたい部分以外はなるべく控えめな色づかい、大きさにする
- 凡例はなるべくデータに近づける
- 3Dグラフは使わない

グラフには色を多用しない

データを識別させるため、 Before のようにグラフにはついたくさんの色を使いたくなりますが、結果どこに注目してほしいのかわからないグラフができ上がってしまいます。グラフを入れるときは、「そのグラフを使って何を伝えたいのか」を明確にしておきましょう。

After のように、グレースケールやメインカラーを利用して、色数を削減します。グラフのタイトルはスライドのタイトルに記載するので、削除しておきます。また、目盛りはあまり目立つ必要がありませんので、フォントの色を薄いグレーにし、それ以外の文字はサブテキストカラーにします。グレースケール・メインカラーのみを使用することで、全体の統一感を維持できると同時に、「意味のない色の多用」から脱却できます。

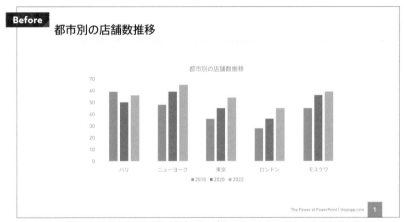

Fig.7-26 > グラフには色を多用しがちだが、どこが注目すべき点なのかわからなくなる

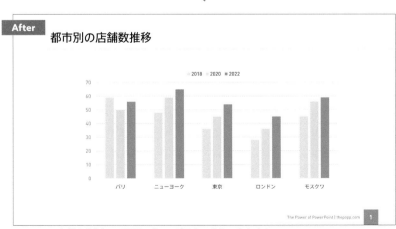

Fig.7-27 > 色数を削減し、重要なデータが目立つよう工夫をする

注目してほしいポイントを明確にする

　グラフを単に表示するだけでは、何を伝えたいのかはっきりしないことが多いので、重要なデータが最も目立つようにするべきです。

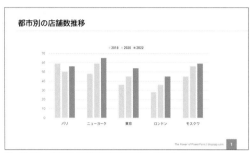

Fig.7-28 > 3番目の棒グラフを目立たせるとき

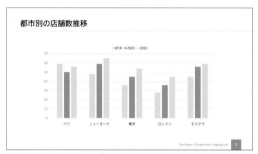

Fig.7-29 > 2番目の棒グラフを目立たせるとき

　これは、円グラフやドーナツグラフなど、ほかの形式においても同じことがいえます。重要なデータを目立たせるというよりむしろ、「重要でないデータを目立たなくする」ことを考えます。何か目立たせたいものがあったとき、色などの要素を追加して強める方向にもっていきがちですが、逆に重要度が低いものを弱めるという発想は、デザインにおいてとても重要です。

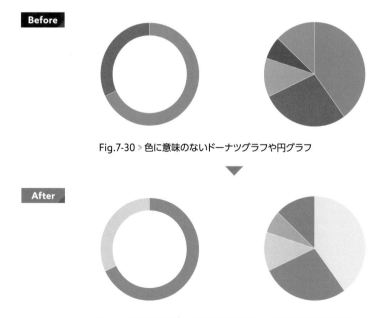

Before

Fig.7-30 > 色に意味のないドーナツグラフや円グラフ

After

Fig.7-31 > 重要なデータを目立たせたドーナツグラフや円グラフ

データラベルを有効活用する

　傾向だけでなく、数値も重要な場合は、データラベルを追加することを考えます。ただし、すべてのデータにラベルを付けるとわかりにくくなりますので、重要なデータにのみ表示するようにします。

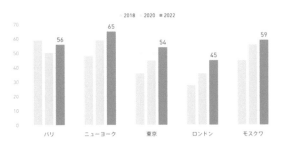

Fig.7-32 ▷ 3番目の棒グラフのみデータラベルを表示

　さらに、グラフの中でまさに注目してほしい部分がある場合は、Fig.7-33のようにアクセントカラーを有効活用します。一番目に留まりますし、グラフ全体がぐっと引き締まります。

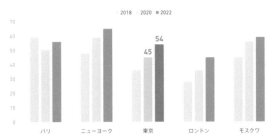

Fig.7-33 ▷ アクセントカラーとデータラベルを用いて、注目してほしい点を強調

● データラベルの追加

1 追加したい要素を選択して右クリックし❶、[データラベルの追加] → [データラベルの追加] をクリックします❷。文字の大きさが小さかったり、色が合わなかったりする場合は、適宜調整します。

凡例はなるべくデータに近づける

　凡例が多くなると、対応関係を把握するのに相当な時間がかかってしまいます。凡例ではなく、なるべくデータの近くにラベルとして表示しましょう。

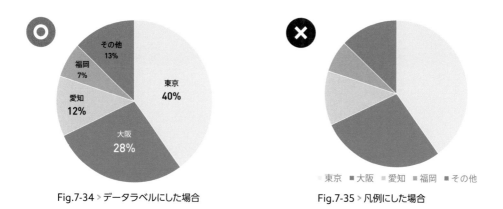

Fig.7-34 ▷ データラベルにした場合　　　　　Fig.7-35 ▷ 凡例にした場合

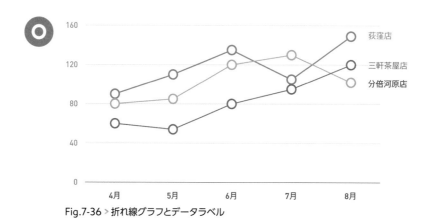

Fig.7-36 ▷ 折れ線グラフとデータラベル

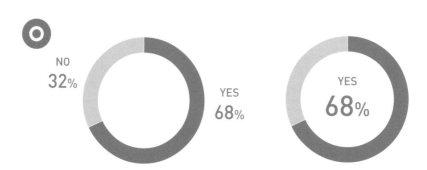

Fig.7-37 ▷ ドーナツグラフとデータラベル

● データラベルに表示する内容の変更方法

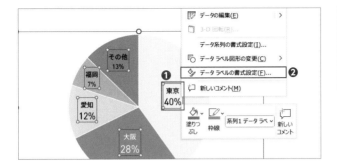

1 データラベルに表示される内容を変更するには、データラベルの書式を変更します。データラベル上で右クリックして❶、[データラベルの書式設定]をクリックします❷。

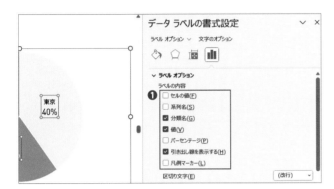

2 [データラベルの書式設定] 作業ウィンドウ表示されるので、[ラベルオプション]欄の[ラベルの内容]の中から、表示したい項目をクリックしてチェックを入れます❶。

ラベルの内容の中にある「分類名」にチェックを入れると、データの上に名前を表示できます。ただし、初期設定では区切り文字が「, (コンマ)」になっているので、「東京, 40%」のように表示されてしまいます。[区切り文字] を「改行」などに変更しましょう。

なお、データラベルの調整は比較的手間がかかる上、思うようにいかない場合があるので、系列の種類が少ないときは、Fig7-38のようにテキストボックスを用いた方が簡単です。

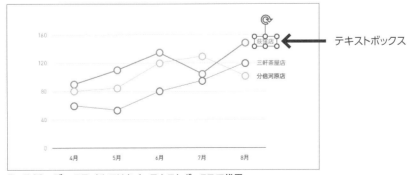

Fig.7-38 ▶ データラベルではなく、テキストボックスで代用

CHAPTER 7

04 印象的なグラフを作る

TOPIC

近年、情報を効果的・印象的に伝えるために、視覚に訴えるインフォグラフィックがしばしば用いられます。この節では、一味違ったグラフをご紹介します。

図形を使って、いつもとは一味違うグラフを作る

単純、かつ精度が厳密に求められるグラフでないならば、パワーポイントの図形を用いてグラフを描画できます。

たとえば、Fig.7-39のドーナツグラフは基本図形の◖と○を組み合わせて作られています。◖の上に○をのせてドーナツ状に見せているわけです。左側ならばエクセルでも作成可能ですが、右側のようにドーナツの中心は塗れません。

Fig.7-40では、○の上に◖をのせてみました。割合を表すグラフとしてよく使われる形状ですが、エクセルのグラフにはありません。このように、パワーポイントの図形を用いれば、データの表現方法を広げられます。ただし、作っている最中「どのあたりが78%なのか」がわかりにくいので、感覚がつかめない場合は、一度エクセルで似たようなグラフを作って参考にするとよいでしょう。もちろん二度手間ですし、自動でできるところをあえて手動でやるので時間はかかりますが、そのぶん人とは違う、印象的なグラフを作れます。

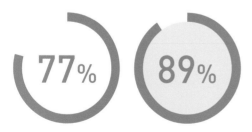

Fig.7-39 ▷ 図形を利用した、一部が切り取られたドーナツグラフ

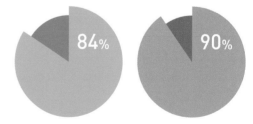

Fig.7-40 ▷ 図形を利用した、一部が切り取られた円グラフ

棒グラフも、形状を変えると印象が変わります。Fig.7-41のグラフは、線と△（二等辺三角形）を組み合わせて作られています。目盛り線を作るのが少し手間ですが、整列の機能を使えば簡単かつ正確に作成できます。

Fig.7-42のグラフは□（角丸長方形）を使って角の丸い棒グラフにしてあります。

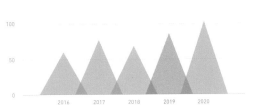

Fig.7-41 ＞ 二等辺三角形を利用したグラフ

Fig.7-42 ＞ 角丸長方形を利用した、やわらかい印象の棒グラフ

量に関するグラフを作るときは、図形のサイズを量に比例させると効果的です。Fig.7-43は、円や涙型を量に比例させて大きくしたグラフです（日本地図は画像です）。棒グラフにすると単に高さの違いしか表現できませんが、円などを使うと面積で表現できるので違いが明確になり、劇的にわかりやすくなります。

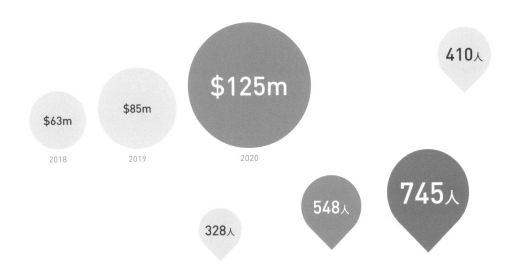

Fig.7-43 ＞ 量と図形のサイズを比例させたグラフ。単なる棒グラフよりもわかりやすさが圧倒的に向上する

アイコンを利用してグラフを作る

アイコンを利用すると、簡単にポスター並みのインフォグラフィックを作れるようになります。たとえば、前のページで説明した、「量をサイズで表す」グラフで、図形の代わりにアイコンを用いるということが考えられます。

Fig.7-44は車の燃費を、図形の長さとアイコンの大きさで表してみました。車のアイコンがあることで、タイトルがなくても燃費のグラフであるということが一目でわかりますし、アイコンの大きさを変えることでわかりやすさにもつながっています。

アイコンを使う場合はある程度誇張しても構いません。インフォグラフィックは「視覚的なわかりやすさ」を優先しますので、精度はそこまで求める必要がありません。精度が重要ならエクセルのグラフを使うべきです。

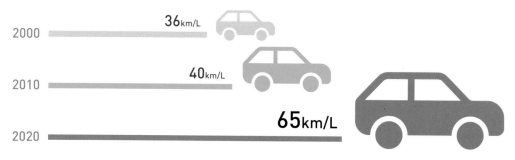

Fig.7-44 ▶ アイコンを利用したグラフ。アイコンの大きさを量に比例させている

また、サイズを大きくするのではなく、アイコンを並べてグラフを作ることもできます。

下のFig.7-45は何のグラフかはわかりませんが、「男女について、何かの割合の比較」を行っているグラフであることは見て取れます。これをエクセルの棒グラフで再現したものがFig.7-46です。「男女」という部分を意識しなくてすむ分、アイコンを利用したグラフのほうがわかりやすく、かつ記憶にも残りやすくなります。

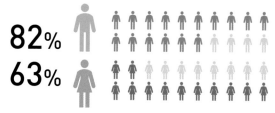

Fig.7-45 ▶ アイコンを利用すると、何に関するデータなのかが一目で理解できるようになる

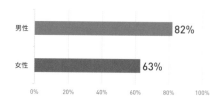

Fig.7-46 ▶ 単なる棒グラフは、記憶にも残りにくい

パワーポイントに搭載されているアイコンは、「図形の合成」機能を使うとある程度編集できます。これを利用すると、発展的なグラフを作れるようになります。

Fig.7-47のインフォグラフィックは、人間の年齢に応じた水分含有量を模式的に示したものです。図形の合成を用いると、アイコンの一部を消せるので、もとのアイコンと重ねることで、割合を表すグラフとして利用しています。

「図形の合成」は、下の手順で示すように既存の図形との合成（または型抜きなど）です。したがって自由度はそこまで高くありませんが、ベクター画像を簡単に編集するには非常に実用的です。

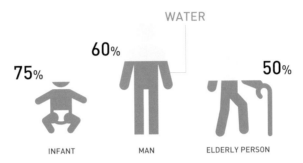

Fig.7-47 > アイコン自体をグラフとして利用した例。薄いアイコンと濃いアイコンを重ねて表現している

◎ 図形の合成

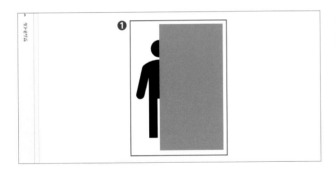

1 アイコンの切り取りたい部分を覆うようにして、長方形を重ね、アイコン、長方形の順番で Ctrl を押しながら選択します❶.

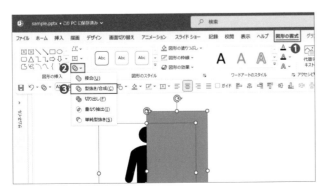

2 [図形の書式] タブをクリックして❶、[図形の合成] をクリックし❷、[型抜き/合成] をクリックします❸。

MEMO 便利なキーボードショートカット

キーボードショートカットを使うことで、パワーポイントの作業を効率的に進められます。ここでは、コピー＆ペーストのような一般的なショートカットは省略し、あまり知られていませんが、使いこなせると便利と思われるものに絞って紹介していきます。

`Ctrl` + `G` オブジェクトをグループ化する
`Ctrl` + `Shift` + `G` グループ化を解除する
複数のオブジェクトをグループ化、または解除します。通常は、オブジェクトの上で右クリックし、[グループ化] から [グループ化] または [グループ解除] を選びますが、アクセスしにくいのでショートカットを有効活用しましょう。

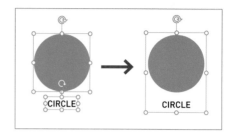

`Ctrl` + `Shift` + `C` 書式のコピー
`Ctrl` + `Shift` + `V` 書式の貼り付け
スライドを作成しているとき、複数のテキストボックスの体裁や、図形の見た目を同じにしたいことはよくあります。「書式のコピー・貼り付け」とは、あるオブジェクトの書式を別のオブジェクトにコピーして貼り付ける機能で、ホームリボンの中にあります。ショートカットを使えば、コピー＆ペーストと同じ感覚で書式を複製できます。

`F5` スライドショーを開始する
`Shift` + `F5` 現在選択しているスライドからスライドショーを開始する
`F5` を押すと先頭からスライドショーを始められます。`Shift` を同時に押すと、現在選択しているスライドからスライドショーを開始できます。プレゼンテーションを一時中断した後、再開したいときに便利なショートカットです。

`F2` テキストを編集する
オブジェクトやテキストボックスを選択した状態で `F2` を押すと、テキストの編集を開始できます。図形の中にテキストを追加するときに便利です。
図形をダブルクリックしても同じ効果を得られます。

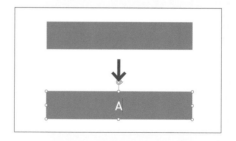

ケーススタディ

ケーススタディでは、具体的な例を見ながらこれまで学習してきたことを実践してみます。悪い例（Before）を見て、どのように改善すべきかをご自身で考えてみてください。

初期設定のままの
箇条書きスライド

TOPIC パワーポイントでは、箇条書きを多用しますが、初期設定にひと手間加える
だけで、見栄えはぐっとよくなります。

Before

悪いスライドのお手本のようですね。どれだけ良い内容が書かれていたとしても、これでは品質や
信頼性が低いような印象を与えかねません。

このようなスライドができ上がってしまう大きな原因は、知識不足と準備不足です。決してデザイ
ンセンスは関係ありません。たとえば、MSゴシックでなくヒラギノ角ゴシックなど別のフォントにする
だけでも、見栄えは大幅に改善されます。

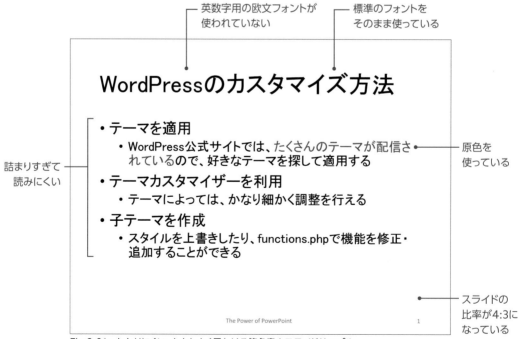

Fig.8-01 > わかりにくい、しかしよく見かける箇条書きスライドサンプル

わからないところがあったら、戻って確認しよう

- CHAPTER 2 「わかりやすいスライドを効率よく作る準備」
- CHAPTER 5 「箇条書きのセオリー」

After

　スライドの比率を16:9に変更したのち、読みやすいフォントをきちんと選び、テーマのフォントを利用して登録しました。日本語には新ゴ、英数字にはRobotoを使っています。同様に、色もメインカラー・アクセントカラーなどを選定し、テーマの色として登録しました。

　また、テキストの読みやすさを左右する余白についても調整を行いました。段落の機能を用いて、「段落前後の余白」と「行間」を適切な値に調整してあります。

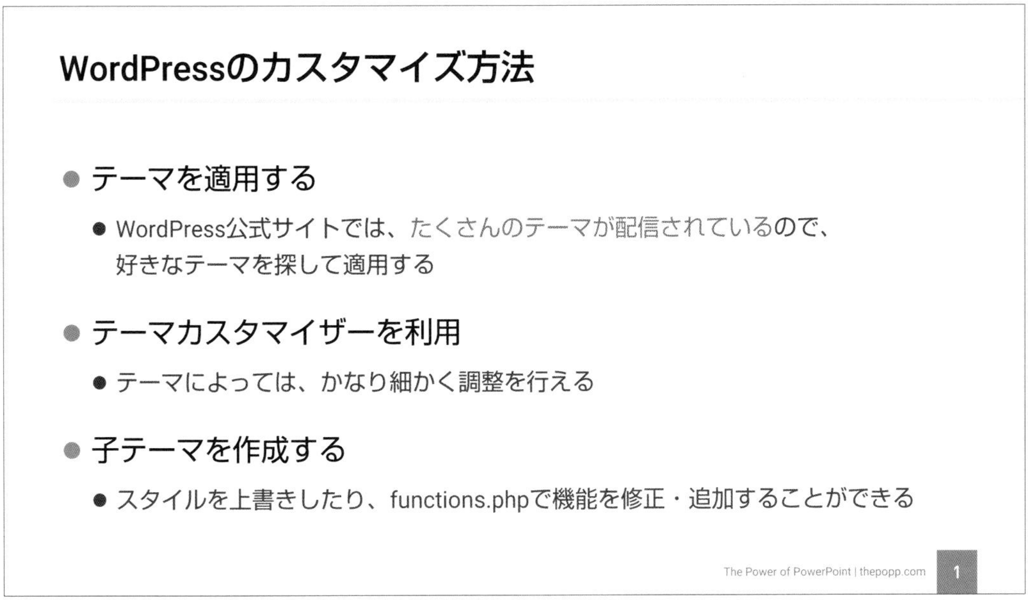

WordPressのカスタマイズ方法

- ● テーマを適用する
  - ● WordPress公式サイトでは、たくさんのテーマが配信されているので、好きなテーマを探して適用する

- ● テーマカスタマイザーを利用
  - ● テーマによっては、かなり細かく調整を行える

- ● 子テーマを作成する
  - ● スタイルを上書きしたり、functions.phpで機能を修正・追加することができる

The Power of PowerPoint | thepopp.com　1

Fig.8-02 ＞ 最低限、このレベルまではもっていこう。かける手間はわずかだが、読みやすさ、美しさは比べ物にならない

レイアウトの原則が 守られていないスライド

TOPIC レイアウトの原則を守ると、見やすく美しいスライドが作れるようになるだけでなく、意味のあるデザインになるので、わかりやすさにもつながります。

Before

　残念ながら、大きさの異なる写真が配置されているスライドは散見されます。素材となる画像は大きさが揃っていないことの方が多く、それらをリサイズやトリミングで合わせるのには限界があります。ぜひ図のプレースホルダーを活用して、整列の原則を守れるようにしましょう。

　オブジェクトを整列できるようになったら、余白は適切か、あるいは情報の優先度が整理されているかなどに注目し、レイアウトの原則を常に意識するようにしましょう。

┌ タイトルをスライドの横幅いっぱいに　　　　┌ 写真の大きさが異なり、
　覆うような装飾は重たすぎる　　　　　　　　　写真の間隔が均一ではない

弊社のサービス一覧

Webデザイン

オーダーを受けて、一からオリジナルのデザインを起こします。具体的なイメージがなくても大丈夫です。

写真撮影

Webサイトに必要になる写真素材は、専用のカメラマンが撮影します。人物・風景・屋内など、あらゆる場面に対応可能です。

コーディング

SEOを考慮した適切なマークアップをはじめ、高度なサーバサイドプログラミングまで行うことができます。

└ 本文に太いフォントを使っている

見出しと本文の見分けがつきにくく、見出しと写真が近すぎる

The Power of PowerPoint | thepopp.com　　**1**

Fig.8-03 ▶ レイアウトの原則が守られていないスライドサンプル

○ わからないところがあったら、戻って復習しよう

- CHAPTER 3「スライドデザインのセオリー」
- CHAPTER 4「テキストデザインのセオリー」

After

　レイアウトの原則に従い、すべての写真の大きさを同じにし、かつ等間隔になるよう配置しなおしました。オブジェクトを揃えるときは「配置」の機能を有効活用しましょう。スマートガイドだけでは微妙にずれている場合もあります。

　また、コントラストを適度につけることで、情報の優先度を整理しました。見出しと本文の差がわかりにくかったので、色とフォントサイズを調整してあります。

弊社のサービス一覧

Webデザイン
オーダーを受けて、一から
オリジナルのデザインを起こします。
具体的なイメージがなくても
大丈夫です。

写真撮影
Webサイトに必要になる写真素材は、
専用のカメラマンが撮影します。
人物・風景・屋内など、あらゆる
場面に対応可能です。

コーディング
SEOを考慮した適切な
マークアップをはじめ、高度な
サーバサイドプログラミングまで
行うことができます。

The Power of PowerPoint | thepopp.com　1

Fig.8-04 ＞ レイアウトの原則は、決して難しいものではない。大切なのは、細かい気配り

03 フロー図のあるスライド

TOPIC 流れのあるものを説明するときは、フロー図を活用しましょう。図は形状を統一してルールを決め、重要な部分以外は控えめにするのがコツです。

Before

　レイアウトの原則にはのっとっていますし、見やすい余白、行間にもなっています。及第点レベルですが、まだまだ改善の余地は残っています。

　図解するのは確かに難しいですが、形状を統一したり、色の使い方を工夫したり、あるいは重要でない部分を目立たせないようにしたりするなど、いくつかのポイントをおさえるだけでずいぶん変わります。また、図（または写真）は、特に意味がない限り、文章の上か左に配置するよう心がけましょう。

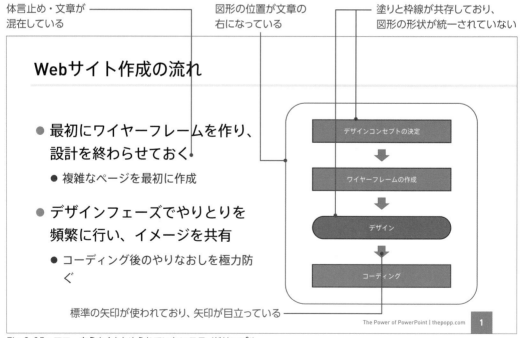

Fig.8-05 ▷ フローをうまくまとめられていないスライドサンプル

● わからないところがあったら、戻って復習しよう

- CHAPTER 6「レイアウトのセオリー」
- CHAPTER 7「図やグラフのセオリー」

After

　図形を正方形で統一し、枠のみ、または塗りのみにしました。同時に、矢印を三角形に変え、目立たない色に変更しました。フロー図は左から右に流すとおさまりがよくなります。ただし、図形内に入る文字が多い場合は適用できないので、その場合は上から下へ流しましょう。

　また、人の視線の移動を考えて、図の位置を右ではなく上に移動しました。文章が下になったので、「図の説明である」ことが明確になりました。

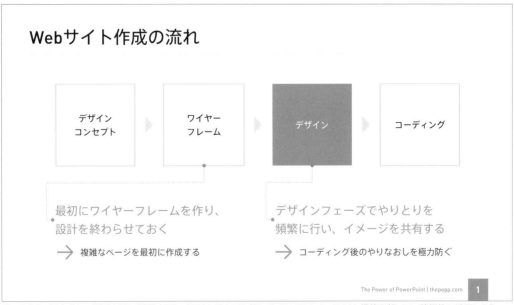

Fig.8-06 ▶ 図を上に、説明を下に配置するレイアウトはとても使いやすいので、レイアウト機能を使って、積極的に流用しよう

エクセルのグラフがあるスライド

Before

　エクセルのグラフをそのまま掲載すると複雑に見え、注目してほしい点がはっきりしません。スライドにグラフを載せるということは、そのグラフを使って伝えたいことがあるはずです。自分の中で論点をはっきりさせ、グラフ上でそのポイントが目立つように工夫しましょう。

　また、グラフでもっともわかりにくいのが凡例と実データとの対応関係です。凡例が離れていると目線を行ったり来たりする必要があるので、なるべくデータに近づけるよう努めましょう。

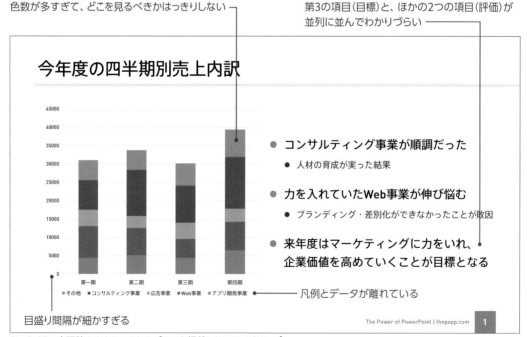

Fig.8-07 > 未調整のままのエクセルグラフを掲載したスライドサンプル

わからないところがあったら、戻って復習しよう

- CHAPTER 3「スライドデザインのセオリー」
- CHAPTER 7「図やグラフのセオリー」

After

　議論の対象となっている2点にメインカラー、アクセントカラーを割り当て、かつデータラベルを用いることで最も目立つように工夫しました。また、凡例を下ではなくデータの右側に置くことにより、対応関係をわかりやすくしてあります。

　加えて、並列で述べるべきではなかった箇条書きの第3項目は独立させ、「評価をし、目標を述べる」という論理展開にあったレイアウトに変更しました。

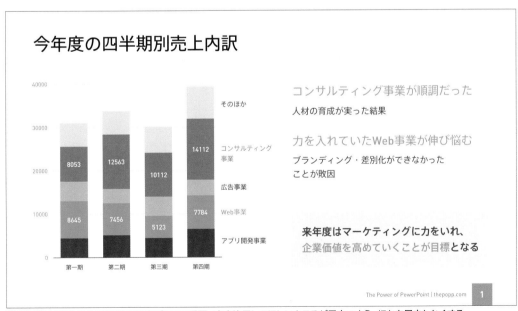

Fig.8-08 ▷ デザインは引き算の概念がとても重要。本来注目してほしいところが目立つよう、ほかを目立たなくする

05 要素の多すぎるスライド

TOPIC 要素が多すぎる場合、1枚のスライドでいいたいことは1つに限定し、スライドを分割することを考えましょう。

Before

　スライド内にたくさんの要素を詰め込むと、数々の不具合が発生します。レイアウトの原則で重要な余白が確保できなかったり、あるいは本来不要な装飾や枠線などが必要になったりと、連鎖的に原則を守れなくなり、結果的にわかりにくいスライドができ上がります。

　さらに、このようなスライドの最大の欠点は、読み手の「読む気がなくなる」ところにあります。内容を理解してもらうどころか、読んでさえもらえなくなってしまうのです。

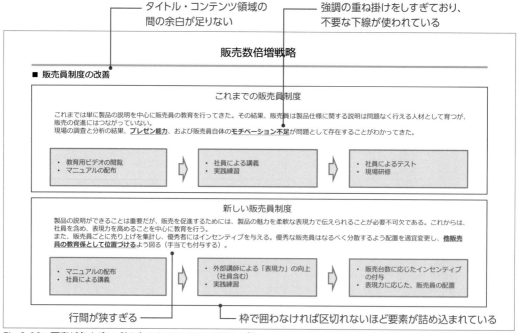

Fig.8-09 ▷ 要素が多すぎて、読む気にならないスライドサンプル

◉ わからないところがあったら、戻って復習しよう

- CHAPTER 1「見やすいスライドとは」
- CHAPTER 6「レイアウトのセオリー」

After

　元のスライドは、上下で別のことを述べていましたので、まずは2枚に分割するのが適切でしょう。フロー図は1つのブロックに複数の項目を入れることをやめ、それぞれ独立した要素にしてわかりやすさを向上させました。また、あまりにも横に長いテキストは読みにくいので、2カラムにすることで改善しました。

　このような工夫は、スペースにある程度の余裕がないとできませんので、情報は1枚に詰め込まず、なるべく分割して説明するよう心がけましょう。

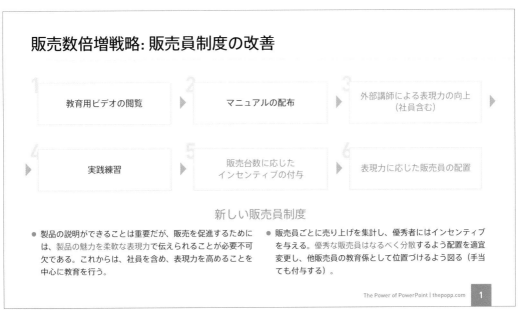

Fig.8-10 〉 情報の多さは、わかりやすさには直結しない。上のスライドでさえ「フロー図」と「説明」で分けてもいいくらい

資料をわかりやすく、魅力的にまとめられる能力はビジネスでも重宝される

ビジネスシーンにおいて、資料作成能力は軽視できません。クライアントへの企画書、営業用資料など、特に対外的な用途の資料は、見た目も重視されます。ところが、わかりやすく魅力的なスライドを作れる人材というのは、周りを見渡しても案外少ないことに気づくはずです。そんな中、もしあなたがその能力に長けているとしたら、「資料作成の仕事はあなたに任せたい」と頼られるようになるでしょう。デザイン・レイアウトスキルは、ビジネスにおいて非常に強力な武器になりえます。

パワーポイントを眺めていても、デザイン・レイアウトスキルは向上しない

デザイン・レイアウトスキルを向上させるには「いいデザインに触れる」「実践する」の2つが欠かせません。前者についてはスライドに限らず、たとえば雑誌やWebデザインでも構いません。良質なコンテンツに多く触れることで、デザインセンスを磨いていくことが大切です。もちろん、直接スライドのデザインを参考にすることも有益ですが、この場合は右のGraphic RiverやCreative Marketのような、海外のサイトやデザイナーの作品を参考にすることをおすすめします。これらのサイトでは、品質の高いテンプレートを販売しており、プレビューを見るだけでも非常にためになります。

質の高いデザインを完全にまねてみる

初めからいいデザイン・レイアウトができる人などいません。実践を積み重ねることにより、徐々に能力を磨いていく地道な努力が必要です。
まずは、品質の高いスライドを完全に模倣してみましょう。先に述べた有料サイトを使ってもよいですし、たとえばBehanceのようなポートフォリオサイトを利用するのも一つの手です。フォント・余白・オブジェクトの大きさなどを完全にまねることで、デザイン・レイアウトの感覚を磨けます。

GraphicRiver
https://graphicriver.net/
上のメニューから[Graphics]→[Presentations]

Creative Market
https://creativemarket.com/
上のメニューから [Templates & Themes] →
[Presentations]

Behance
https://www.behance.net/

CHAPTER **9**

すぐに利用できる
テンプレート・アイコン集

01 テンプレート

 TOPIC この節では、筆者が作成したテンプレートを紹介します。**URL**から実際にダウンロードして利用できます。

 Pollux – ブラシで描いた写真が特徴的なテンプレート

http://thepopp.com/templates/pollux/

Castor – 雑誌風のデザインを取り入れたテンプレート

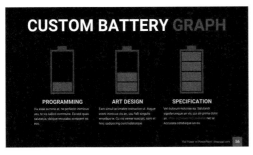

http://thepopp.com/templates/castor/

 ## Vega – カラフルな配色が特徴的なテンプレート

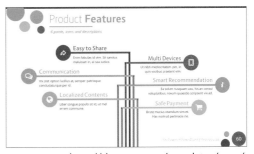

http://thepopp.com/templates/vega/

すぐに利用できるテンプレート・アイコン集

02 モックアップやアイコンセット

 TOPIC 各種デバイスのモックアップは、写真を印象的に見せたり、自社アプリの説明をしたりする際に重宝します。

iPad/iPhoneなどのデバイスのモックアップ

すべてパワーポイントの図形で構成されている、各種デバイスのモックアップです。

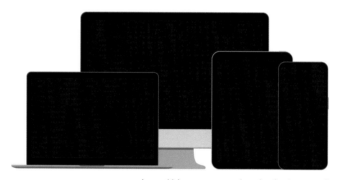

http://thepopp.com/apple-device-mockups-for-powerpoint/

Material Icons（942種類）とBootstrap Icons（673種類）

Material IconsとBootstrap Iconsをパワーポイントで簡単に使えるよう変換したものです。色やサイズは簡単に変えられますが、P.171で解説した図形の合成には対応していません。

https://thepopp.com/material-icons-for-powerpoint/　　　　https://thepopp.com/bootstrap-icons-for-powerpoint/

● モックアップへの画像の挿入

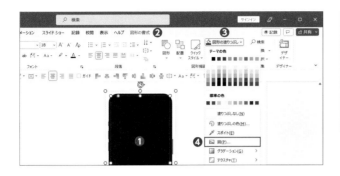

1 画像を挿入したい部分をクリックして選択します❶。モックアップはグループ化されているので、2回クリックする必要があります。選択した状態で、[図形の書式] タブをクリックし❷、[図形の塗りつぶし] をクリックして❸、[図] をクリックします❹。

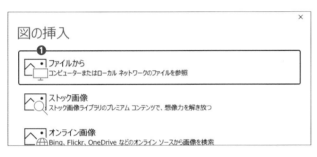

2 [図の挿入] ダイアログボックスが表示されますので、[ファイルから] をクリックし❶、挿入したい画像を選びます。

3 ここまでの操作で画像は挿入されますが、図のように縦横比がおかしな状態になってしまいます。これは、図形のサイズに合わせて画像が自動的に変形されてしまうからです。

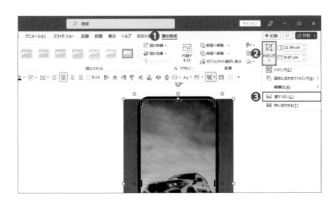

4 選択状態を維持したまま、[図の形式] タブをクリックし❶、[トリミング] をクリックします❷。ドロップダウンメニューが表示されるので、[塗りつぶし] をクリックします❸。画像の縦横比が正常になりますので、切り取られる位置を微調整します。

INDEX

● 著者紹介

藤田尚俊（ふじた なおとし）

ゲーム業界でプランナー・ディレクターを経て、現在フリーランスのWebデザイナー・フロントエンドエンジニアとして活動中。2014年、パワーポイントに関する知見の共有とテンプレートの配布を目的としたサイト「The Power of PowerPoint」（http://thepopp.com/）を開設。テンプレートの累計ダウンロード数は1600万を超える。これまでに数多くの企業、行政機関のプレゼンテーション用・営業用資料やホワイトペーパー、パンフレット作成などを手掛ける。

編集	●宮崎主哉
装丁	●菊池祐（ライラック）
カバーイラスト	●水谷慶大
本文デザイン	●藤田尚俊、リンクアップ
DTP	●リンクアップ

●お問い合わせについて

本書に関するご質問については、本書に記載されている内容に関するもののみとさせていただきます。本書の内容と関係のないご質問につきましては、一切お答えできませんので、あらかじめご了承ください。また、電話でのご質問は受け付けておりませんので、必ずFAXか書面にて下記までお送りください。なお、ご質問の際には、必ず以下の項目を明記していただきますようお願いいたします。

1 お名前
2 返信先の住所またはFAX番号
3 書名（パワーポイントスライドデザインのセオリー［改訂新版］）
4 本書の該当ページ
5 ご使用のOSとソフトウェアのバージョン
6 ご質問内容

なお、お送りいただいたご質問には、できる限り迅速にお答えできるよう努力いたしておりますが、場合によってはお答えするまでに時間がかかることがあります。また、回答の期日をご指定なさっても、ご希望にお応えできるとは限りません。あらかじめご了承くださいますよう、お願いいたします。

※ご質問の際に記載いただきました個人情報は、回答後速やかに破棄させていただきます。

●問い合わせ先

〒162-0846
東京都新宿区市谷左内町21-13
株式会社技術評論社　書籍編集部
「パワーポイントスライドデザインのセオリー［改訂新版］」質問係
FAX番号　03-3513-6167

https://book.gihyo.jp/116/

パワーポイントスライドデザインのセオリー　[改訂新版]

2017年10月10日　初版　第1刷発行
2023年12月29日　第2版　第1刷発行

著　者	藤田尚俊	
発行者	片岡巖	
発行所	株式会社技術評論社	
	東京都新宿区市谷左内町21-13	
	電話　03-3513-6150　販売促進部	
	03-3513-6160　書籍編集部	
製本／印刷	大日本印刷株式会社	

定価はカバーに印刷してあります

ISBN978-4-297-13835-6　C3055
Printed in Japan